築苑·亳都新韵
——街区文化

024

徐庆迎 张勇 李雯 著

中国建设科技出版社有限责任公司
China Construction Science and Technology Press Co., Ltd.

北 京

图书在版编目（CIP）数据

亳都新韵：街区文化 / 徐庆迎，张勇，李雯著 .
北京：中国建设科技出版社有限责任公司，2025.5.
（筑苑）. -- ISBN 978-7-5160-4298-4

Ⅰ . TU-092.2

中国国家版本馆 CIP 数据核字第 2025GW6862 号

内容简介

郑州是一座默默发展着的城市，作为我国历史上的古都之一，同时作为"国家中心城市"和河南省的省会，郑州亳都—新象文化街区的开发正逢其时。街区东侧是距今3600多年的城垣遗址，西侧为年代仅次于曲阜孔庙的古老文庙，西广场对面是郑州城隍庙，这些都是国家级文物保护单位。

笔者在做郑州亳都—新象文化街区项目时，走遍了河南18个地市的多座古建筑与历史街区，提炼了河南地区最具代表性的优秀传统建筑文化元素。本书详细介绍了郑州当地的历史遗迹、非遗技艺、街区建筑的文化内涵与特点，以及极具当地特色的传统建筑构件、雕刻与灰塑技艺。本书适合对中原地区传统建筑文化感兴趣的读者阅读参考。

亳都新韵——街区文化
BODU XINYUN—JIEQU WENHUA
徐庆迎　张勇　李雯　著

出版发行：中国建设科技出版社有限责任公司
地　　址：北京市西城区白纸坊东街 2 号院 6 号楼
邮政编码：100054
经　　销：全国各地新华书店
印　　刷：北京印刷集团有限责任公司
开　　本：710mm×1000mm　1/16
印　　张：12
字　　数：180 千字
版　　次：2025 年 5 月第 1 版
印　　次：2025 年 5 月第 1 次
定　　价：**68.00 元**

___

本社网址：www.jskjcbs.com　微信公众号：zgjskjcbs
请选用正版图书，采购、销售盗版图书属违法行为
版权专有，盗版必究。本社法律顾问：北京天驰君泰律师事务所，张杰律师
举报信箱：zhangjie@tiantailaw.com　举报电话：(010) 63567684
本书如有印装质量问题，由我社事业发展中心负责调换，联系电话：(010) 63567692

以心築苑 人作天开

築苑叢書雅存 丁酉端午 孟兆祯

孟兆祯 先生题字
中国工程院院士、北京林业大学教授

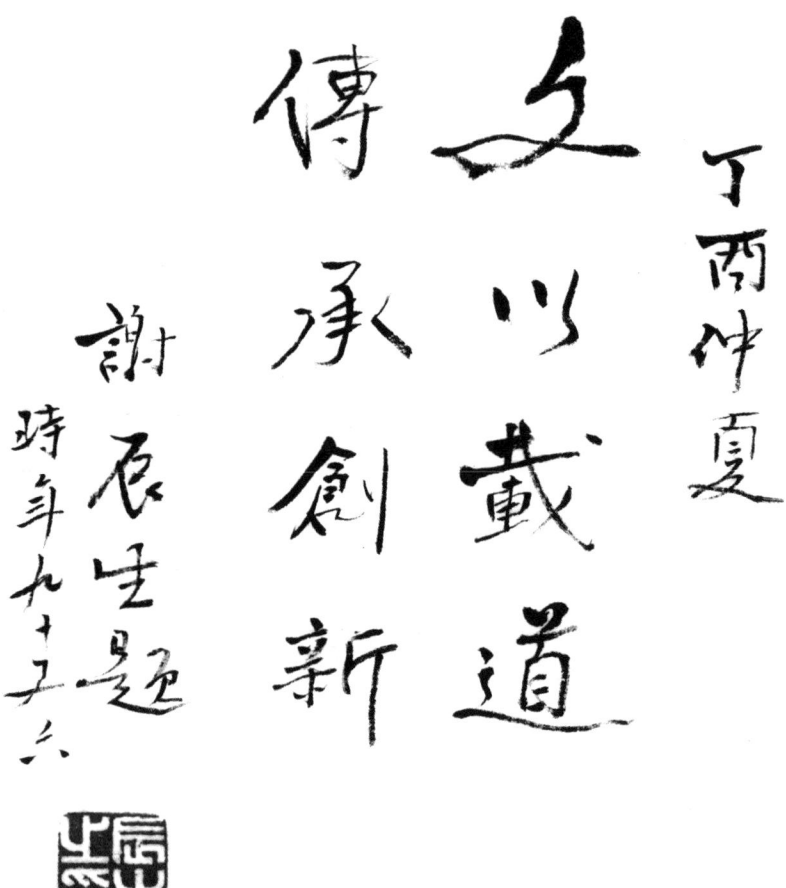

谢辰生 先生题字
国家文物局顾问

筑苑·亳都新韵——街区文化

主办单位
中国建设科技出版社有限责任公司
扬州意匠轩园林古建筑营造股份有限公司

荣誉顾问
孟兆祯 孙大章 刘秀晨

顾问总编
陆元鼎 刘叙杰 路秉杰 单德启 姚 兵 张 柏

特邀顾问
商自福

编委会主任
陆 琦

编委会副主任
梁宝富 张兴军

编委（按姓氏笔画排序）

马扎·索南周扎	王乃海	王少少	王向荣	王 军	王劲韬	王罗进	
王栋民	王香春	王 路	韦 一	车震宇	龙 彬	朱宇晖	刘庭风
闫 荣	关瑞明	许飞进	许 浩	苏 锰	杜炜怿	杜智慧	李 卫
李寿仁	李 浈	李晓峰	李梦为	杨大禹	杨永伦	杨莽华	吴世雄
吴燕生	邹春雷	沈 阳	沈 雷	宋桂杰	宋 辉	张玉坤	张秉坚
张 欣	张 勇	张爱民	陆文祥	陆群芳	陈志华	陈春红	陈 薇
范霄鹏	罗德胤	周立军	周向频	郑东军	郑 先	孟祥武	赵玉春
赵 逵	段德罡	姚 慧	姚 赯	贺 勇	秦建明	袁 强	贾少禹
徐怡芳	郭晓民	唐孝祥	宾慧中	黄列坚	黄亦工	曹 伟	龚 晨
崔文军	韩丽莉	辜少成	傅春燕	廖金杰	潘 莹	潘 曦	戴志坚

青年编委(按姓氏笔画排序)

马全宝　乔国栋　刘国维　刘珊珊　孙　露　李　果　张文波　袁　琨
高　伟　郭　湧　黄　续　曹振伟　程　霏　曾　怡　熊　炜

本卷著者

徐庆迎　张　勇　李　雯

策划编辑

王天恒　刘玲利　时苏虹　刘　浩

版式设计

汇彩设计

投稿邮箱：jskjcbs_shisuhong@126.com

筑苑微信公众号

中国建设科技出版社《筑苑》工作委员会

主　　　任：佟令玫
执 行 主 任：商自福
执行副主任：张兴军

副主任（按姓氏笔画排序）：
马扎·索南周扎　吴燕生　沈　雷　张志强　张炎良　张爱民
陈志华　袁　强　郭晓民　崔文军　梁宝富　梁惠雄　傅春燕

秘 书　长：王天恒
副 秘 书 长：时苏虹
秘　书　处：王天恒　刘玲利　时苏虹　刘　浩

副主任单位：
扬州意匠轩园林古建筑营造股份有限公司
广州市园林建设集团有限公司
常熟古建园林股份有限公司
杭州市园林绿化股份有限公司
青海明轮藏建建筑设计有限公司
江阴市建筑新技术工程有限公司
浙江天姿园林建设有限公司
朗迪景观建造（深圳）有限公司
杭州金星铜工程有限公司
金庐生态建设有限公司
北京顺景园林有限公司
秦皇岛华文环境艺术工程有限公司
深圳市绿雅生态发展有限公司

委员单位：
陕西省文化遗产研究院
天堂鸟建设集团有限公司
江西绿巨人生态环境股份有限公司
成都环美园林生态股份有限公司
深圳市绿奥环境建设有限公司
裕丰园林建设集团有限公司
深圳市南山园林绿化有限公司
湖州天明园艺工程有限公司
皖建生态环境建设有限公司
沧州市大斤石材工程有限公司
中国矿业大学（北京）混凝土与环境材料研究院
盛景国信（北京）生态园林有限公司

福建坤加建设有限公司
济南城建集团有限公司
福建艺景生态建设集团有限公司
福建西景市政园林建设有限公司
中建八局第二建设有限公司

序 言

现在的郑州是一个发展得不错的中原城市，按历史来说，它也是古都级的历史文化名城。郑州亳都—新象文化街区项目考证的就是商代初建时的都城"亳都"这个地方，东侧依傍的就是距今 3000 多年的商代夯土城墙，具有满满的历史感。

这个项目我也去看过，给人的感觉主要有这么几点。

一是眼前一亮，看到这个街区前以为是一个仿古的传统建筑街区，结果不是，它是一个具有传统文化韵味的现代都市商业街区，衬着斑驳古老的青砖的痕迹，外面矗立着简约现代的金属材质的门窗。超大展示橱窗，具有防紫外线与保温节能功能的玻璃隔断，四周青砖黛瓦、镶嵌着一整面玻璃的砖山墙，两侧精美的砖雕墀头墙面倚靠着夜晚中绚烂多彩的光电玻璃，这些都充分展示了一个比较流行的词语——守正创新。

二是整个街区做工极其精细，本来古建行业里有个说法叫"跑马看琉璃"，就是说传统建筑材料会产生颜色与平整度的不一致，会产生粗糙感。但是在这个街区里，我看到了精益求精和一丝不苟的施工精神。看老青砖的砖缝，它的边缘已经有些老化。想把老青砖的缝隙砌筑一致还是很难的，在这个项目中他们做到了，而且做得非常好。

三是这个项目之所以好，是因为有很多志同道合的技艺传承人参与其中，项目的管理者、技术指导者与技艺的传承人之间无缝对接，对瓦件的设计、脊兽的造型、墀头内容的精雕、梁枋上故事的雕琢、柱础的刻画等，都展示了传神的内容、高超的技法与传统文化的传承。

也是好久没有见到做得这么精致的建筑物了，我难免对这个街区多夸赞几句。众所周知，中国传统建筑是讲究天人合一、师法自然的，所以才造就了我国传统建筑文化中官式与民居、南方与北方、山区与平原等各个地区不同的建筑风格。但是由于部分人的理解问题，他们就要求必须原汁原味地去复制传统建筑，这是不对的，也是对传统建筑文化的歪曲。

现代的建筑抑或仿古建筑，首要的是要满足当下社会的功能需要，传统文化不能丢，但是不代表死板地全盘复制，应该有的放矢地去筛选与斟酌。尤其现在的建筑注重的是节能、环保、安全、采光、人车分流、停车道路等要素，要全方位考量，还要具备一定的舒适度，这就要求项目的整体规划与建设不能一味地照搬传统，而是要遵循自然，结合传统，创造属于我们这个时代的精品工程。

张柏

国家文物局原党组副书记、副局长

中国古迹遗址协会原理事长

第十一届全国政协委员

2024 年 9 月

前　言

　　河南是中华文明最重要的发源地，中国历史上大部分时间的政治、经济和文化中心都在河南。中国的八大古都中，河南省占了 4 个，其中郑州是"全国第八大古都"。商城遗址位于郑州市的中心区，最初发现于 1955 年，是我国著名的大型古代城市遗址，是商代前期商王都邑遗址，也是第一批全国重点文物保护单位。

　　近年来，随着城市化进程加快，作为"国家中心城市"的郑州机遇良多，郑州亳都—新象文化街区（全称为"郑州亳都—新象现代都市文化商业街区"）的开发正逢其时。该街区位于郑州市管城区"商城遗址片区"，地理位置十分优越，属于老城区市中心。其东侧是距今约 3600 年的城垣遗址；西侧为仅次于曲阜孔庙的第二古老的文庙；西北角的对面是郑州城隍庙，和前两者一样，都是国家级文物保护单位；南侧是郑州商都遗址博物院，保存着本区域内开发建设过程中发现的不同时期的文物和遗址遗迹。

　　据官方网站公布，商城遗址片区的考古工作挖掘出诸多文物。在郑州亳都—新象文化街区项目内也发现了商代水系遗址、唐代铸造遗址和清代玄武庙遗址，丰富的历史遗存彰显着当地的文化脉络。

　　商代历史久远，建筑形制待考证，项目所在区域没有地表遗存及商代建筑制式，故并不适合以商代风貌来建设，而是应该以当地传统民居为参考。中原地区的传统民居布局以独院或多进式院落为主，院落串联成街巷，街巷又串联成一个个尺度宜人的公共空间。该项目中沿用传统院落布局，风格统一，布局规整，错落有致，并增加现代元素以适应商业需求。同时，该项目在材料、技术、工艺等多方面进行研发创新，主要手段是提取当地建筑特色，诸如硬山或者悬山的屋顶形式，门窗棂花及槅窗、墀头、扭头、脊兽、砖雕、柱础等。

因此，该项目在设计中结合场地条件、文化底蕴和未来生活方式，采用了当地传统民居建筑风貌和城市肌理，符合现代建筑需求。

郑州亳都—新象文化街区的建设之所以让人流连忘返、难以忘怀，是因为从街区设计、材料选样、样板的呈现直至街区施工的完成，都经历了无数次的斟酌，才铸就了现在的效果。在此感谢为这个街区的建设付出努力的各方同仁。

2024 年 9 月

目 录

1　远古的存在 / 1

2　商代有故事 / 24

3　街巷历史 / 26

4　建筑文化源泉 / 39

5　行走街巷 / 73

6　院落也有名字 / 83

7　好看的墙面 / 99

8　不同的金属建筑 / 109

9　牖窗之美 / 113

10　纹样的变化 / 115

11　大师的印章 / 125

12　用好历史符号 / 132

13　悠久的印记 / 141

14　门饰艺术 / 151

15　现代离不开优美 / 158

16　流光溢彩的玻璃墙 / 161

17　斑驳的树荫 / 163

18　"文曲星"在隔壁 / 169

结　　语 / 173

参考文献 / 174

1 远古的存在

商城遗址位于郑州城市中心区，最初发现于 1955 年，是我国著名的大型古代城市遗址，是商代前期商王都邑遗址。作为第一批全国重点文物保护单位，商城遗址是郑州国家级历史文化名城的主要支撑内容。

郑州商城遗址的发现对认识商代前期历史、研究商朝文化、中国早期青铜文明研究以及中国古代城市的形成发展研究具有重要的意义。据考证，商城是"汤始居亳"的亳都，目前仍现存一座周长为 7 千米的夯土城墙，城隍庙、文庙与之相结合，是郑州作为全国第八大古都的核心文化载体。

虽然商都遗址分布较广，占地约 130 公顷，但现存地上文物密集的区域呈现占比较小，亳都历史文化街区充分利用了 3000 多年历史的文化积淀，结合河南各地区传统建筑优秀遗存的特色，打造了一个极具观赏性和研究性价值的文化街区。

1.1 定位河南

在河南，你可以感受到一种浓厚的文化氛围和人情味。这里的人们热情好客，喜欢交流和分享。如果你来到河南，不妨去品尝一下当地的特色美食，如烩面（图 1-1）、胡辣汤等，不仅美味可口，而且具有丰富的文化内涵。

就像这里的人最喜欢说的话是"中"，如果说话时，不来上一两句"中"，

图 1-1 老热炝烩面

就好像无法表达出内心的情感，如果表达不够就加一个字，说"可中"。这里的美食很"中"，肉烂汤鲜、香辣绵口的胡辣汤，香滑筋韧的郑州烩面，纯正浓郁、油而不腻的灌汤小笼包……不断地刺激着你的味蕾，吃着吃着便由衷感叹："咦，真香！"

这里的地理位置居"中"，大街上随便抓来一个人，询问他属于北方还是南方时，大概率得到的回答会是："恁说啥嘞，俺是中原昂！"《尚书·禹贡》将天下分为九州，豫州位居九州之中，现今河南大部分地区属九州中的豫州，因此这里又被称为"中原"或"中州"。

除了美食和文化，河南还有美丽的自然风光。这里有着壮观的嵩山、秀美的黄河、清澈的龙门湖水等。这些自然景观不仅让人心旷神怡，也成为人们休闲旅游的好去处。

古代黄河中下游地区气候温暖宜人，日照充足，降水丰沛，适宜农、林、牧、渔各业发展（图1-2）。这里不仅有绵延高峻的山地、坦荡无垠的平原，也有波状起伏的丘陵、山丘环抱的盆地。温和有利的气候环境、广袤肥沃的膏腴之地、便利通达的交通条件，加之黄河的无私哺育，使中原成为早期人类的理想栖息地、原始文化的发展中心和华夏文明最重要的发源地。在5000年绵延不断的文明进程中，河南长期作为王者之都，是中国政治、经济、文化的中心，承载着中华文明的起源和发展。这里有着丰富的历史文化遗产，如洛阳的龙门

图1-2　远古中原（拍摄自郑州商都遗址博物院）

石窟和应天门遗址（图1-3）、开封的龙亭和相国寺、郑州的二七塔等。这些历史遗迹不仅见证了河南的辉煌历史，也成为人们心中的文化符号。

图1-3 洛阳应天门

河南古建筑遗址丰富，上至50万年前的南召猿人遗址、下至2万年前安阳小南海人类居住的洞穴，至今尚存。新石器早期的裴李岗文化遗址发掘出四五十座建筑基址；仰韶文化时期发掘出的房基更多，并且很多房屋已成为地面建筑；郑州西山发掘出仰韶文化晚期的城墙遗址，为我国已知最早的大型城址；汤阴白营发现人类早期的水井，使得人们在选择栖息地时能够远离河流、湖泊等自然水源泛滥的困扰；在豫东、豫北地区发现的不同大小的土坯砌块，说明当时建筑的建造时间已可大大缩短；淮阳平粮台、登封王城岗等10余处城址的发掘，对国家的起源与城市发展都具有重要的研究价值；郝家台房屋基址内发掘的木质地板，为研究我国房屋装修历史提供了罕见的历史实物资料；淮阳平粮台发掘出的陶制排水管道开启了中国给水排水设施的先河；偃师二里头遗址、尸乡沟商城遗址、郑州商城遗址和安阳殷墟所发掘的大型宫殿遗址，有的还有城门、道路以及给水排水设施；洛阳、小浪底发掘出汉代地下粮仓和仓储建筑；等等。这些弥足珍贵的建筑基址，充分展示出中国古代建筑在中原大地上萌芽、生长、发展、形成的清晰脉络，为以后的建筑走向成熟并达到高峰期奠定了坚实基础。

在河南大地的每一座城市走两步，都会让你不经意间碰见属于自己独特的历史记忆和数不清的历史故事。

多少迷人的历史传说，古雅、厚重、质朴，这是属于河南的独特风韵。漫步在与之契合的气势恢宏的历史古迹中，你在凝视它们，它们也在用另外一种方式默默凝视着你，只有细细品味，你才能真正感受到这些古迹背后，让人迷恋的市井传说。

安阳殷墟，一片看似荒芜的废墟，第一次发掘就被视为"中国考古学诞生的标志"，在这里出土了大量刻辞甲骨，发现了令人惊叹的家族墓地和"四合院式"宫殿建筑（图1-4）。

图1-4　安阳殷墟博物馆

图1-5　郑州商都遗址博物院的铜钺

图1-6　周朝双鸟纹半瓦当

1976年5月16日，一位老技工一铲探下去，掀开了传奇女性妇好的一生，她不仅集王后、祭司、母亲的身份于一身，深受商王武丁宠爱，还是中国历史上有据可考的第一位女将军，散发出幽幽寒光的妇好铜钺，印证了她的戎马一生。图1-5为郑州商都遗址博物院的铜钺。

殷墟之后，从商朝的亳都到夏朝的二里头，再到羑里直到周朝建国都在中原（图1-6），都城后来也随着发展逐步从镐京迁徙到了洛邑。春秋战国时期，中原也是文化发展最为繁荣的地区，当时这里有曹、卫、郑、宋、陈、许等诸多封国，最终经秦始皇统一中原，历经二世后由刘邦建立西汉，初定都洛阳，后迁都长安，传十一代十二帝王，至王莽篡建新朝，新朝末年爆发绿林赤眉起义，宗室刘秀趁势而起，并延续"汉"为国号，定都洛阳，史称东汉。

东汉时期，佛教开始广为传播，洛阳白马寺（图1-7）就是中国佛教的发源地。有关白马寺名字的由来还有着一段奇异的历史。相传汉明帝刘庄夜寝南宫，梦到有两位使者持经来汉，遂遣使臣前往西域拜求佛法，沉重的佛像与佛经全靠白马一路驮运，才得以顺利抵达东汉京城（洛阳）。汉明帝为表示对佛的尊敬，将鸿胪寺改成佛教庙宇，为感念西域僧人用白马驮经卷来此，遂将此寺院命名为白马寺。这一举动不仅彰显了汉明帝的虔诚信仰，也开启了华夏民族与佛教的深厚渊源。

图1-7　白马寺

更为有趣的是，自白马寺之后，国内此后所有的寺院都称为"寺"（以前按印度的习惯均称作精舍、禅林），中国寺庙墙面的颜色也从此与皇家结下了不解之缘。所以现今人们会看到历史悠久或皇家敕建的寺庙墙体采用的都是黄色或红色，这在古代的中国代表的是皇家的颜色。

此外，白马寺作为佛教传入中国的第一站，其地位和影响不可忽视。它不仅是中国佛教的重要发源地，也是世界佛教文化交流的重要场所。如今的白马寺香火鼎盛，每年吸引着无数的游客和信徒前来朝拜，成为中华佛教文化的一张亮丽名片。

在当今社会，人们依然可以感受到佛教的影响力。无论是在日常生活中的修身养性，还是在商业领域中的经营之道，佛教的理念和智慧都为人们提供了宝贵的启示。图1-8为汉长安城未央宫复原图。

图1-8　汉长安城未央宫复原图

"话说天下大势，分久必合，合久必分……"这是《三国演义》第一回的开头语，是古人对历史大势的概括，也是对魏蜀吴三国史的描述和写照；所谓"得中原者得天下"，三国纷争最后也还是归于中原一统。

在三国时期，河南在魏国是政治、经济、文化中心。曹魏都城设洛阳、许昌、邺城、长安和谯城五都，其中洛阳、许昌在河南境内。265年，司马炎逼迫魏元帝曹奂禅位，国号晋，即晋武帝。280年，西晋灭孙吴而统一天下。

三国时期遗存在河南的文化遗产非常丰富，根据第三次文物普查统计，河南省境内三国时期的文化遗存有百余处，主要为历史人物遗迹。

魏文帝庙（图1-9）位于许昌市建安区将官池镇郭集村，相传原为曹氏家庙，后来被魏明帝改为魏文帝庙，几经修葺，在许昌成为颇负盛名的"帝庙"。

华佗墓位于许昌市建安区苏桥镇石寨村西南石梁河畔，墓冢高约4米，占地360平方米。此外，周口沈丘也有一处华佗墓。

霸陵桥原名八里桥，位于许昌西郊的石梁河上，由青石砌成，因著名的历史故事"关羽八里桥挑袍"而闻名。

图 1-9　魏文帝高庙

南阳卧龙岗又称南阳武侯祠，始建于魏晋，盛于唐宋，距今有1800多年历史，1963年被列为首批河南省重点文物保护单位（图1-10）。

图 1-10　河南南阳卧龙岗公园

关林庙位于洛阳市关林镇，始建于明代，相传为埋葬三国时期蜀汉名将关羽首级之地。前为祠庙，后为墓冢，是冢、庙、林三祀合一的古代经典建筑（图1-11）。

图 1-11　洛阳关林庙

以上的所有古迹建筑都说明，三国时期，河南地区是主要的权力争夺目标和政治中心。

魏晋南北朝又称三国两晋南北朝，是中国历史上政权更迭最频繁的时期，主要分为三国（曹魏、蜀汉、东吴）、西晋、东晋和南北朝时期，由于长期的封建割据和连绵不断的战争，这一时期中国文化的发展受到巨大的影响。其突出表现则是玄学的兴起、佛教的传入、道教的勃兴。

晋分为西晋与东晋。266年，司马炎代魏称帝（即晋武帝），国号曰晋，建都洛阳，史称西晋。280年，灭吴，统一全国，秦汉以来的分裂至此得到再度统一。

西晋和平稳定的统一局面只维持了短短的十几年，316年，由于晋皇室内乱，"五胡入华"事件发生，从此北方开始了"五胡十六国"的混乱时期。317年，晋朝宗室司马睿于建康称帝，东晋建立，据有中国南方的领土。由于东晋皇权衰落，朝廷大权主要由世族掌握，且军权外重内轻，朝廷控制力弱，整个国家进入了南北朝的动乱阶段（420—589年）。

581年，北周大臣杨坚受禅称帝，国号大隋。583年，建都大兴（今陕西西安）。589年，灭南方的陈朝，结束南北朝分裂的局面，全国再度统一。

在魏晋南北朝时期，作为中原地区的主要几个都城，也经常因为政权的更迭而兴废不止。

例如，西汉旧都——长安，两汉之际长安因战乱已遭受严重破坏。190年，董卓为乱，挟汉献帝自洛阳迁长安，至196年献帝东还洛阳，为东汉都城6年，其后长安再度遭受破坏。西晋末，首都洛阳被汉刘曜攻占，怀帝被俘。313年，愍帝在长安即位。316年，刘曜又围攻长安，愍帝出降，西晋亡。此后，十六国的前赵、前秦、后秦及北朝的西魏、北周先后以长安为首都共125年。但有的政权为时甚短，如前赵仅存11年，有的仅占关中部分地区，如前赵、后秦，故虽为都城，因战乱不息，长安城始终未能恢复昔日繁荣。图1-12为西汉旧都长安城模型。

又如，东汉旧都——洛阳。190年，董卓逼献帝迁长安时，"悉烧宫庙官府居家"，洛阳惨遭毁灭性破坏。6年后即196年，献帝东还时，"宫室烧尽，街陌荒芜"。同年，曹操迎帝都许（今河南许昌东）。221年，魏文帝曹丕才重新建都于此。265年，司马炎代魏建晋，都洛不改，直至311年，刘曜攻占洛阳，怀帝被俘止。魏晋两代以洛阳为首都共90年。493年，北魏孝文帝定计自平城迁都洛阳，495年，六宫及文武百官尽迁洛阳，至534年分东西魏，北魏都洛共40年。图1-13为魏晋洛阳城平面示意图。

1 远古的存在

图 1-12　西汉旧都长安城模型

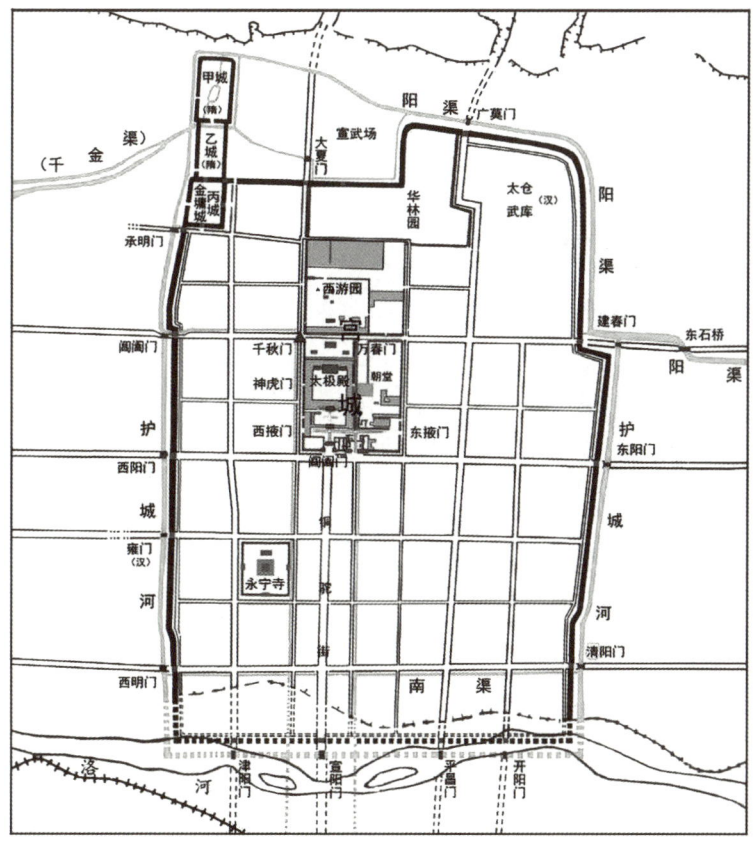

图 1-13　魏晋洛阳城平面示意图

图 1-14　魏晋洛阳城排水系统

在魏晋洛阳城千秋门门址的阙间广场下层，考古发现保留有魏晋时期的大型地下水道遗迹，还发现了汉代的大型砖券水道（图 1-14）。整套完备的水利设施集中反映了魏晋时期水利工程建设的成熟技艺，以及当时都城或城市建设的较高水平。

但是战争没有让传统建筑的发展停下脚步。魏晋南北朝时期是中国古代园林史上的一个重要转折时期。文人雅士厌烦战争，他们选择避世，寄情山水，风雅自居。豪富们纷纷建造私家园林，把自然式风景山水浓缩于自己的私家园林中。例如，西晋石崇的"金谷园"，是当时著名的私家园林。石崇在晋武帝时任荆州刺史，他聚敛了大量财富广造宅园，晚年辞官后，退居洛阳城西北郊金谷涧畔的"河阳别业"，即金谷园。目前出土的部分建筑构件充分说明当时的建筑规模与华丽程度。图 1-15 为"壬子年六月作"铭瓦当。

图 1-15　"壬子年六月作"铭瓦当

私家园林风格在魏晋南北朝时期已经从写实发展为写意。例如，北齐庾信的《小园赋》讲述了当时私家园林受到山水诗文绘画意境的影响；而宗炳提倡的山水画里所谓的"竖画三寸，当千仞之高；横墨数尺，体百里之回"成为造园空间艺术处理中极好的借鉴对象。自然山水园的出现，为后来唐、宋、元、明、清时期的园林艺术表现打下了深厚的基础。

北魏时期自孝文帝迁都洛阳后，除了在官宦人群中流行兴建私家园林，为了超度战争中伤亡的将士，还大量营建了寺庙与石窟。

巩义石窟寺建于北魏熙平二年（517年），一说建于景明年间（500—503年），原名希玄寺，宋代改称十方净土寺，清代改名石窟寺，是中原地区重要的佛教石窟（图1-16）。相传，唐玄奘出家于此，同时也是唐太宗李世民等不少皇帝在此礼佛的圣地（图1-17）。

图1-16　巩义石窟寺山门

图1-17　石窟寺帝后礼佛图石刻

581年，隋朝建立。589年，隋朝结束了280余年南北长期分裂的局势，实现了大一统。隋的统一，结束了长期分裂的局面，顺应了统一多民族国家的历史发展大趋势。隋统一后，发展经济，编订户籍，统一南北币制和度量衡制度，加强中央集权，提高行政效率。开通了贯穿南北的大运河（图1-18）。这一系列措施促进了社会经济的迅速恢复和发展，使人口数量和垦田面积大幅度增长，隋朝成为疆域辽阔、国力强盛的王朝。

进入唐代，在武则天的统治下，洛阳再次成为政治、经济、文化的中心。

隋唐洛阳城始建于隋代，历经隋、唐、五代和北宋时期都城的核心区域，前后沿用530年之久，是当时全国的政治、经济、文化中心。作为古代著名都城，隋唐洛阳城见证了中国最辉煌的一段历史，包含丰富的文化内涵，是研究中国古代都城建制、城市布局、社会生活等方面的宝贵资料，在中国古代都城发展史上具有重要地位，其平面布

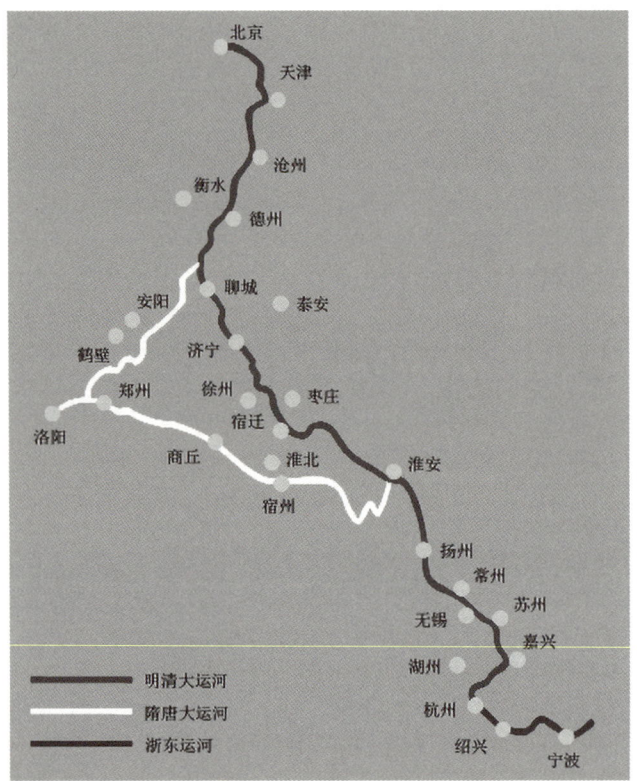

图 1-18　历代运河系统图

局、建筑形制对后世影响深远，影响东亚各国。隋唐洛阳城国家遗址公园（图 1-19）位于洛阳市老城区，是国家大遗址保护示范项目和重点工程，随着大遗址保护展示工程的实施，沉睡千年的文明重新焕发出新的生机与活力。

隋唐大运河因东都洛阳而生（图 1-20），同时也对洛阳以及后来北宋首都开封的都城建设产生了巨大影响。隋唐洛阳城开创了"洛水贯都""漕渠穿城"的运河都城格局。《清明上河图》描绘了开封城的繁华景象，其中对城桓、建筑、桥梁等构筑

图 1-19　隋唐洛阳城国家遗址公园

图 1-20　水运码头图（清明上河图节选）

物的描绘更是让我们了解了宋代建筑格局与营建技术水平。图中横跨汴河的是一座规模宏大的木质拱桥，它结构精巧，形式优美，宛如飞虹，故名虹桥。虹桥的结构采用的是桁架式贯木拱桥，在当时是非常先进的建筑结构，其技巧性与固定方式在历史上极为少见。开封的清明上河园就是根据《清明上河图》描绘的北宋都城场景营建的旅游景区。（图 1-21）

图 1-21　清明上河园实景

开封府又称南衙，初建于五代后梁开平元年（907 年），已有 1000 多年的历史（图 1-22）。北宋太祖建隆元年（960 年），陈桥兵变后，以开

图 1-22　北宋开封府

封为国都,称东京。从太祖建隆元年到钦宗靖康二年(1127年),历经了9个皇帝167年。

960年,身为殿前都点检的后周大将赵匡胤率兵北征,抵御北辽,行至距开封城西北45里的陈桥驿东岳庙内,顿马歇息,其部下将一黄袍披于其身,拥立其做皇帝,史称"陈桥兵变"。宋太祖赵匡胤开创了大宋300年基业。宋太祖黄袍加身处现存赵匡胤系马槐及子槐,枝繁叶茂,郁郁葱葱。图1-23为宋太祖黄袍加身处。

后来南宋与金朝南北对峙,汴河从此被双方分占。宋绍兴四年(1134年),宋高宗为了"务要不通敌船",下令开决汴河,并烧毁所流经地区的汴河诸堰。随着汴河的断流和废弃,金代之后开封无可挽回地走向了没落,其作为主要都城的历史也彻底终结。

由于政治和经济中心地位的丧失,自元代起洛阳乃至河南境内的运河使用量逐年减少,逐渐处于无人维护的状态,加之后来的黄河水患,至明代末期,隋唐大运河洛阳段已辉煌不再,基本失去了运输功能,空余运河遗迹供后人凭吊(图1-24)。

自北宋之后,中原地区虽然远离了国家政治中心,但是传统的文明与建筑文化仍然在继续发展。

中国四大石窟之一——龙门石窟(图1-25)不仅是中国石刻艺术宝库、全国重点文物保护单位、国家AAAAA级旅游景区,也是世界文化遗产。

图1-23 宋太祖黄袍加身处——河南新乡陈桥驿

图1-24 河南浚县云溪桥

图 1-25　洛阳龙门石窟

龙门石窟开凿于北魏孝文帝年间，之后历经东魏、西魏、北齐、隋、唐、五代、宋等朝代连续大规模营造达 400 余年之久，南北长达 1 千米，今存窟龛 2345 个，造像 10 万余尊，碑刻题记 2800 余品。其中《龙门二十品》是书法魏碑的精华，褚遂良所书的《伊阙佛龛之碑》则是初唐楷书艺术的典范。龙门石窟延续时间长，跨越朝代多，以大量的实物形象和文字资料从不同侧面反映了中国古代政治、经济、宗教、文化等许多领域的发展变化，对中国石窟艺术的创新与发展做出了重大贡献。

　　龙门石窟的开凿，主要是为了弘扬佛教文化，宣扬佛法的教义。在开凿的过程中，采用高超的石刻技艺，将佛教文化和中原文化融合在一起，形成了独特的艺术风格。龙门石窟的艺术特色独具匠心，每一个石窟都有其独特的风格和主题。这里的雕刻技艺十分精湛，包括圆雕、浮雕、线刻等多种技法。在佛像的造型上，洛阳石窟注重表现佛像的神态和内心世界，使得每一尊佛像都充满了生命力和感染力。例如，依照武则天的形象塑造出来的卢舍那大佛，是龙门石窟佛像中最大的佛像，艺术水平极高（图 1-26）。此外，这里的壁画也具有极高的艺术价值，画面内容丰富多样，既有佛教故事和传说，也有世俗生活的描绘。

图 1-26　龙门石窟卢舍那大佛

龙门石窟不仅具有极高的艺术价值，还具有重要的历史文化价值。通过研究石窟，人们可以深入了解中国古代历史、文化、宗教和社会生活的方方面面。这些石窟是历史的见证者，记录了中国古代社会的变迁和发展。同时，它们也是连接过去和现在的桥梁，让人们能够更好地理解和传承中华民族的优秀传统文化。

被誉为"天下第一名刹"的少林寺（图 1-27）创建于 496 年，仅凭一个名字就制霸了无数中原男生的武术之梦，少林高僧们的奇闻异事更是数不胜数。相传，少林寺十三棍僧，凭借着精湛武艺救出了唐王。这一富有传奇色彩的故事，被改编成了影视作品，至今仍让老百姓津津乐道。

图 1-27　少林寺

考古界非常有名的洛阳铲是考古发掘地质勘探的必备神器，传说它的发明人李鸭子，是洛阳附近的村民。另一种说法是由于自古以来不少人将赏玩古董视为一种志趣高雅的行为，古玩市场上的好东西总是供不应求，而洛阳一直以来都是众所周知的"宝地"，许多人纷纷前来"寻宝",在盗墓挖掘的过程中出现了这种勘探用的铁铲,于是干脆就直接命名为洛阳铲(图1-28)。

作为一个河南人,会经常有人问起:"你们是不是拿着洛阳铲,随便一挖就能挖出好多宝贝来?"这虽然只是一句玩笑话,但河南这方土地,却孕育了绵长浩瀚的历史文化。

图1-28 洛阳铲

河南地处华夏腹地,是全国文物大省之一。这方神奇的热土,自古中天下而立,群山起伏,大河纵横,平原辽阔,深得天时地利之便,孕育了中华民族悠久的历史和灿烂的文化。由于战争的频发,王朝的更迭,人民的迁徙,这里又成为民族会合交融的熔炉。自夏商周以来,迄宋代为止,这里长期是我国政治、经济、文化的中心。漫长的历史岁月,留下了丰富的遗迹和遗物,它不仅是历史的见证,更展示了我们祖先的光辉创造和中国人民对人类文明的伟大贡献。

中原大地也是中岳所在地。河南古建筑作为一种极其宝贵的历史文化资源,价值之高,难以言表。建筑作为人造物和人工环境,是满足人类物质和精神生活需要的重要组成部分。社会的可持续发展是必由之路,深入研究和理解传统建筑,对于发展现代观念中的节能与绿色建筑,消除千城一面的模式,从中国古建筑与环境和谐共生中可能会得到一些启示。图1-29为中岳庙。

图1-29 中岳庙

中国现存的古建筑本身就是一部实物建筑史，对于研究我国历代建筑的布局、艺术造型、民族风格和建筑结构、材料、施工，以及有关的科学技术等，都是生动可靠的资料；河南18个地市都留存有数量众多、制作精美、规制奇雄的古建筑，是古人留给今人的宝贵财富；中国古建筑的装饰艺术，如木雕、石刻、砖雕、琉璃、彩画、壁画等，皆独具一格，成就很高。这些都是古代艺术遗产的一部分，对于研究艺术发展史、创造时代新艺术，都有重要的借鉴价值，其中许多技艺、技巧和经验，千百年来不断地为人们所继承和借鉴，是新建筑设计和新艺术创作的重要源泉。古建筑是人民文化游憩的好场所，是发展旅游的重要物质基础；古建筑是城市精神的延伸，是城市昨日诗情和灵性的体现。

这里，不缺少人文建筑，不乏风流人物，更不缺口口相传的历史故事。

河南济源，是一个神奇的地方。济源市因远古时期四渎之一的济水发源地而得名，地处"太行八陉"之首的"古轵道"要冲，是豫晋交通的咽喉要塞，为传统中原文化的核心区域，是河南省公布的第一批历史文化名城之一。济源历史文化底蕴深厚，境内的古文化遗址星罗棋布，以史前文化遗址居多。最具特色的是"一山一水一精神"。

图1-30　河南济源济渎庙

济源市地处河南洛阳、焦作和山西晋城、运城4个市的中间地带，区位优势明显，交通较为便利，有"豫西北门户"之称（图1-30）。

济源是家喻户晓的愚公移山故事的源发地。为了挖平太行山和王屋山，年近90岁的愚公带领全家，一边吃力地凿石挖土，一边把土块扔进海里。天帝被他的诚心所感动，命令大力神的儿子背走了这两座山（图1-31）。

智者"愚公"是中原人民想象和智慧的结晶，这里还有许多历史人物，在世代相传中，被抹上了一层浓重的传奇色彩。

岳飞出生于河南省汤阴县，岳母为他起名"飞"，字"鹏举"，希望儿子能鲲鹏展翅，长大后精忠报国。而岳飞从未忘记过母亲的殷切期盼。出师中原，收复郑州、洛阳等失地，并在郾城大破金兵，一生立下赫赫战功，一腔热血抛洒沙场（图1-32、图1-33）。

英雄岳飞，可谓是无人不知，无人不晓。而在开封，还传唱着一位面相"清奇"的好官，他和岳飞一样，在中原百姓心中，烙下了深刻的印记——"开封有个包青天，铁面无私辨忠奸……"这首歌曾经红遍大江南北，就连老人小孩都能跟着哼唱两

图1-31　济源博物馆愚公移山雕塑

图1-32　河南安阳岳飞庙

图1-33　河南开封朱仙镇岳飞庙

句，传说中的开封府尹包拯长着一张黑脸，额头有一道弯月，带着御赐的尚方宝剑和龙、虎、狗三把铡刀，上铡皇亲国戚、凤子龙孙，下惩土豪劣绅、恶霸无赖，威风凛凛，庄严公正（图1-34）。

图1-34 演员在开封府表演

"刘大哥讲话理太偏,谁说女子享清闲……"在河南,不少人都是听着豫剧长大的,对豫剧中传唱的女中豪杰,都钦佩不已。豫剧《五世请缨》中,杨家男儿战死沙场,杨门女将巾帼不让须眉,上殿请缨代夫从军,107岁高龄的佘太君一句:"阎王爷封我是个长寿星",豪气万丈!不知道这让多少孩子在心中暗暗立下忠心报国的志向,他们,塑造了河南。

作为中国的"农业大省",河南的粮食产量占全国的1/10,很可能你早餐吃的馒头、午餐吃的米饭,就来自河南农民的辛勤耕种(图1-35)。扛稳粮食安全的重任,河南人从来都不是随便说说而已。近年来,河南依托开放互联,成为"一带一路"交汇处的重要中转站。"陆上丝绸之路"上的列车越开越快,中欧班列累计开行总量突破2000班,货源地遍布欧盟和俄罗斯及中亚地区,24个国家126个城市;"空中丝绸之路"上的飞机越飞越广,郑州机场货邮吞吐量跻身全球50强;"网上丝绸之路"越来越便捷,可实现最高每秒50单的海外通关效率,让世界商品"一站到家"……

图1-35 郑州会展中心"大玉米"

郑州，作为全国最大的铁路枢纽中心拥有"中国铁路心脏"的美誉（图1-36）。南来北往、东进西出的铁路干线，源源不断地为郑州注入活力，让郑州的人口迅速集中，商业贸易充满活力，迅速成为中国有名的铁路枢纽和商品集散中心地之一。1954年，拥有两条铁路干线的郑州，得以取代开封，成为河南省的省会城市。在相当长一段时间里，凡是京广铁路、陇海铁路路过郑州的列车，到了郑州站必须停下。郑州成为全国铁路网上的控制性站点。

河南，不仅阔步向前，也愿铭记过往。2019年4月29日—5

图1-36　郑州高铁站中蓄势待发的列车

月4日，杜甫的家乡河南省巩义市，举办了杜甫故里诗词大会活动，主题为"传承家国情怀，逐梦民族复兴"，旨在纪念"诗圣"杜甫，传承诗歌文明，弘扬民族文化，促进文化交流。

千载历史，千古传奇，这就是河南。

总之，河南是一个充满魅力和活力的省份。它不仅有着丰富的历史文化遗产和美丽的自然风光，还有着热情好客的人民和独特的文化氛围。如果你有机会来到河南，不妨感受一下这里的文化氛围和人情味，相信一定会给你留下美好的回忆。

1.2　亳都从哪来

在郑州市中心有一片神秘的具有河南地区建筑特点的商业街区，它就是亳都—新象现代都市文化商业街区。这里的建筑风格充满了中原民族特色，其砖瓦的排列、房屋构件的雕刻都体现出一种古朴、典雅的气质。漫步在这片街区，仿佛穿越时空，回到了久远的商代。

郑州商城遗址位于郑州市老城区周围，即管城回族区的大部和金水区的南部，是一座商代前期城市遗址，距今已有3600年，是商王汤所建的亳都。相传在商代时期，亳都便是中原地区的政治、经济、文化中心，那时这里是一片繁荣的景象。随着岁月的流逝，这座历史文化街区承载着深厚的历史文化底蕴，至今仍然熠熠生辉。

郑州商城遗址于1950年被发现，面积约25平方千米，是目前我国已发现的规模最大、保存最完好的商代前期都城遗址，是郑州成为中国八大古都之一的重要标志。1951—1980年以来，先后多次对商城遗址进行考古发掘，在商代城内的东北部发现20多处商代夯土建筑基址，其中大的面积达2000多平方米，表明这里是商城的宫殿区。它以商代前期的商代二里岗期遗址为主，并包含有一些略早于商代二里岗期的洛达庙二、三期（约相当于二里头文化三、四期）和郑州商代南关外期遗址，以及稍晚于商代二里岗期约相当于商代后期的郑州商代人民公园期遗址。另外，还有一些早于商代前期约相当于夏代早期的豫西地区龙山文化类型中晚期遗址和夏代晚期的洛达庙一期（约相当于二里头文化二期）的遗址。这说明，亳都是具有悠久历史传承的，是承袭了3600年文化韵味的古老街区，图1-37为郑州商都遗址博物院。

图1-37　郑州商都遗址博物院

这座街区的建筑不仅体现了中原民族的传统建筑技艺，还反映了商代时期人们的智慧和创造力。这些建筑的结构严谨，布局合理，体现了人与自然和谐相处的理念。此外，这里的建筑还反映出当时的社会等级和建筑风格的不同，为人们展现了一个丰富多彩的历史画卷。

更值得一提的是，亳都—新象现代都市文化商业街区地处郑州市中心，地理位置十分优越。这里交通便利，人流熙攘，吸引了众多游客前来探访。人们在这里可以感受到浓厚的文化氛围，领略古都风貌，也可以品尝到当地的美食，感受独特的文化气息（图1-38）。

1 远古的存在

图 1-38　亳都商业文化街区效果图

　　作为中原地区的重要文化遗产，亳都—新象现代都市文化商业街区对于传承和发扬中华民族优秀传统建筑文化具有重要意义。它不仅是一个历史见证，更是中华民族精神的象征。人们应该珍惜这一宝贵的历史遗产，让更多的人了解和认识它，共同传承和发扬我国的优秀传统文化。

　　总之，亳都—新象现代都市文化商业街区（图 1-39）是一个充满历史底蕴和人文气息的地方，它不仅是中华民族文化的瑰宝，也是人们精神家园的重要组成部分。希望更多的人能够前来探访，感受这里的历史韵味和文化气息。

图 1-39　亳都街区鸟瞰图

23

2 商代有故事

按历史传说的内容,商代流传了很多的历史故事。

2.1 商汤灭夏

商汤灭夏指的是公元前 1600 年商汤带领商部落灭掉夏朝建立商朝的历史事件(图 2-1)。

图 2-1 商汤塑像(郑州商都遗址博物院藏)

夏王朝末期国势日衰,江山开始摇摇欲坠。夏朝最后一任君主夏桀即位后,统治更加残暴。当时在夏统治下的商部落因为畜牧业发展得很快,到了夏朝末年,汤做首领时,已经成为一个强大的部落。商汤看到夏桀的腐败,决心消灭夏朝。夏此时已是众叛亲离,而商汤领导有方,最后通过鸣条之战打败了夏桀的军队,桀也遭到了流放。夏朝由此被新建立的商朝所代替。

2.2 盘庚迁殷

商朝中期盘庚这一代,商朝定都在庵,总算是稳定了很长一段时间。但是这个地方也有个烦人的问题,就是地势低洼,一到雨季常常洪水泛滥,让百姓不得安宁。盘庚是位想要有所作为的明君,他想推行一系列改革政策,振兴商朝,却被庵都的保守势力阻拦。左思右想之后，盘庚决定不顾保守派的反对，还是用老祖先的办法，用迁都来解决问题。商王盘庚将国都迁至殷地，迁都后政治清明、风调雨顺，人民安居乐业，不仅使商朝摆脱了危机，也为商朝的长期稳定发展奠定了基础。而后人也因为商朝在殷建都最久，所以将商朝称为殷商，西汉史学家司马迁也将记录商朝历史的传记起名为《殷本纪》。

2.3 武丁中兴

《史记·殷本纪》记载：武丁"修政行德，天下咸欢，殷道复兴"。武丁是商朝晚期一位雄才大略的君主。武丁是盘庚的侄子，他继承并发展了盘庚以来的治国方略，选贤任能，提拔具有非凡管理才能的奴隶傅说作为最高管理者，使商朝政治、经济和文化都得到了空前的发展。在军事上，武丁任用自己的妻子妇好领军征战，后来妇好多次带兵都取得了胜利，并掌管了商朝很多的祭祀活动，成为武丁的得力助手。武丁励精图治，使得商朝达到了又一个鼎盛时期。

2.4 纣王暴政与牧野之战

商朝末期，纣王帝辛继位，他残暴无道，穷奢极欲，导致商朝内外交困。最终，在牧野之战中，周武王联军击败了商朝军队，纣王自焚而死，标志着商朝的灭亡。此外，商朝的文化与艺术也极为璀璨，甲骨文是商朝最具代表性的文字，青铜器制作技术达到了高峰，音乐、舞蹈和绘画等艺术形式也颇为丰富。

3　街巷历史

郑州，这座历史悠久的城市，承载了3000多年的文化传承，从商代到现代，它一直都在诉说着自己的故事。

在遥远的商代，郑州还只是黄河边的一个刚刚落成的政治中心，随着时间的推移，郑州逐渐发展成一个重要的都城，成为商朝的政治、经济和文化中心。在这里，人们建造了宏伟的宫殿、祭祀场所和墓葬，留下了丰富的文化遗产。而这座古老城市的故事并没有就此结束，它历经了战乱的破坏和历史的沧桑，但是郑州人民依然坚韧不拔，传承着这个城市的传统文化和技艺。在历史的每一个阶段，他们都在不断地修缮和保护着这些文化遗产，使之得以流传至今。

在现代，郑州依然是一个充满活力的城市，它的发展速度令人瞩目。这座城市不仅在经济上取得了巨大的成就，而且在文化上也取得了显著的进步。郑州人民在继承传统的同时，也在不断地创新和探索，使得这座城市的文化更加丰富多彩。

总体来说，郑州是一个充满历史底蕴和文化魅力的城市。它从商代一路走来，经历了无数的风雨，但是它依然屹立不倒，散发着独特的魅力。郑州二七纪念塔（图3-1）就是一个例证，郑州二七罢工纪

图3-1　郑州二七纪念塔

念塔和纪念堂位于郑州市中心二七广场，是郑州铁路工人领袖汪胜友、司文德的牺牲地，被国务院公布为第六批全国重点文物保护单位。它是为纪念1923年京汉铁路工人运动而修建的纪念性建筑物，也是郑州城市的标志性建筑。它的故事不仅仅是一个城市的历史，更是一个民族的文化传承。来到这里的人，都能深深地感受到这座城市的历史和文化的厚重感，令人感到震撼和敬畏。

3.1 背靠大树好乘凉

背靠大树好乘凉，郑州的历史城墙就是这样一个典型的例子。历经3000多年的郑州商代土城墙（图3-2），是郑州宝贵的文化遗产，也是这座城市的历史背书。它不仅代表着郑州悠久的文明历史，还是郑州人心中坚韧不屈的象征。

图3-2 商代土城墙遗址

这古老的城墙见证了郑州的发展与变迁，历经风霜雨雪，依旧屹立不倒。它犹如一棵参天大树，见证了岁月的沧桑，也荫庇着郑州历代的辉煌。时至今日，它依旧发挥着重要的作用，为郑州的新时代文化发展提供着源源不断的动力。

如同乘凉的故事一样，这座历史城墙的存在，就像是一个文化的清凉剂，让人们在繁忙的生活中找到了心灵的慰藉。它以无言的方式，展示着历史底蕴的文化素养，让人们在其中感受到了郑州的魅力。它不仅荫庇着郑州历代的百姓，更是让每一个来到这里的人，都能够感受到这座城市的历史积淀与资本。

这座3000多年的土城墙，不仅是这座城市的骄傲，也是中华民族的瑰宝。它将继续陪伴着郑州的老百姓，历经风霜，历经雨雪，继续见证着郑州的繁荣与发展。人们也要珍视这座历史遗产，让它的光辉永远照耀着人们的前行之路。

3.2 这里也有文物

在郑州商城遗址出土的商代青铜器，从器形上看，有平底器、圜底器、三足器和圈足器等，以及鼎（方鼎、圆鼎）、尊、罍、提梁卣、壶、簋、瓿、盉、觚、斝、爵、鬲、盘、盂、钺、戈、镞等，其中方鼎与三足圆鼎因为具有举足轻重的历史和社会价值，被国家博物馆收藏，图3-3为郑州商都遗址博物院模拟商都地区青铜鼎出土现场。

图3-3 郑州商都遗址博物院模拟商都地区青铜鼎出土现场

3.2.1 郑州商城遗址出土主要器形

1. 鼎（方鼎、圆鼎）

青铜鼎多为圆腹三足，也有方腹四足。鼎口处有两耳。对铜鼎的拥有和使用，是奴隶主身份等级差别的标志之一。青铜鼎是祭祀神灵的一种重要礼器。

2. 尊

尊是商周时期的一种大中型盛酒器,属青铜器,尊的形制圈足,圆腹或方腹,长颈,敞口,口径较大。

3. 罍

罍是中国古代大型盛酒器和礼器,出现于商代晚期,流行于西周和春秋。体量略小于彝,罍有方形和圆形两种,方形罍出现于商代晚期,而圆形罍在商代和周代初期都有。

4. 提梁卣

卣为古代重要的盛酒器。

3.2.2 商都陶器

郑州商城遗址出土的各类文化遗物中数量最多的是各种陶器。从陶质上看,有泥质和夹砂的;从陶色上看,有灰陶、红陶、黑陶和白陶。最能代表郑州商代都城陶瓷工艺最高水平的是原始青瓷,器形多为尊,多施青绿釉。

下面介绍几个主要陶器。

(1) 食用类陶器(图3-4)。

(2) 原始瓷尊(图3-5)。

(3) 蒸煮类陶器(图3-6)。

(4) 储存类陶器(图3-7)。

图3-4 陶簋　　图3-5 瓷尊

图 3-6　陶鬲

图 3-7　陶钵

其他类陶器，如斝、陶鬲、陶盆、陶瓮、陶鼎、陶甑、陶簋与陶豆等为古代陶制食器，形似高足盘，或有盖，用于盛食物，出现于新石器时代晚期，流行于新石器时代至汉代，盛于商周。

3.2.3　商都骨器

骨器，在商人生活中也占据着相当重要的地位。出土的大量骨质的生产、生活及文化艺术品，多制成骨镞、骨针等。料骨是制作骨器的原材料，经鉴定一半以上是人骨，奴隶主贵族使用奴隶骨骼制作成骨器。

3.3　历史地位超然

商都在历史上的今天占据了重要的地位，它是商朝的重要政治、经济、文化中心。

郑州是亳都，是商朝的首都，具有极其重要的历史地位。它位于河南省中部，地理位置优越，交通发达，是中原地区的重要城市。

商都的宫殿规模非常庞大，根据发掘出的宫殿遗址，当时的宫殿建筑规模之大，令人惊叹。宫殿内有精美的雕刻和装饰，显示了商朝时期的艺术水平。

居住区、加工区与墓葬区的规模也相当可观。居住区有大量的房屋和街巷，展现了当时居民的生活场景。加工区有各种手工业作坊，如陶器、青铜器等制造场所，展现了当时的手工业水平。墓葬区则有许多大墓和小墓，墓葬内有许多珍贵文物，揭示了当时的社会状况。

此外，商都的社会地位也非常高。商朝时期的贵族们享有很高的地位和权力，他们的墓葬中出土了许多珍贵文物，反映了当时的社会等级制度。同时，商朝时期的平民生活也得到了充分展现，他们的房屋和生活方式也反映了当时的社会风貌。

总体来说，商都在历史上的今天是一个非常重要的城市，它的地理位置，宫殿规模，居住区、加工区与墓葬区的规模，以及社会地位等方面都充分展现了商朝时期的政治、经济、文化状况。

3.4 商代都城与城墙

3.4.1 亳都城郭

根据目前对郑州商城遗址的发掘材料来看，城的夯土城垣可以分为宫城、内城和外郭城3个部分（图3-8），都是用素土多层夯筑而成的。

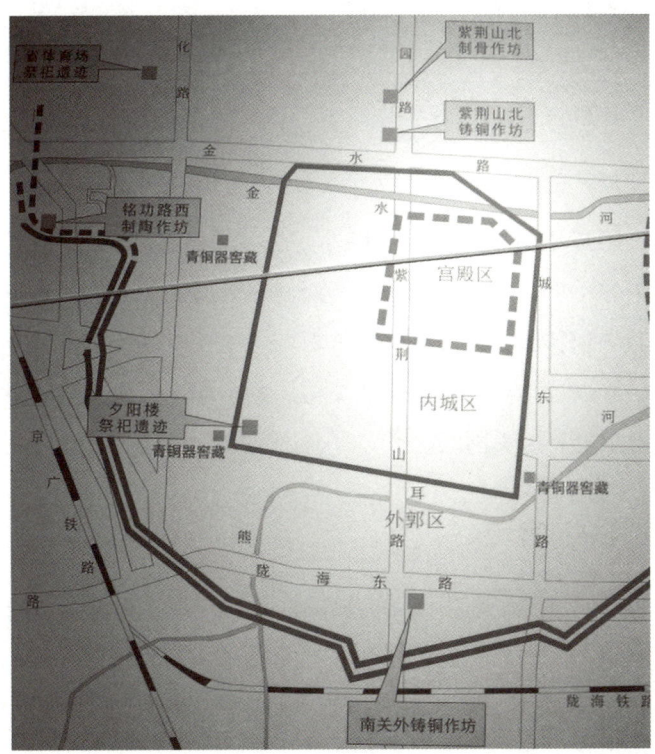

图 3-8 亳都城郭示意图

郑州商城内城近似长方形，北城垣长约1704米，西城垣长约1859米，南城垣长约1721米，东城垣长约1716米，周长近7千米，内城垣围合的城区面积约3.3平方千米。

郑州商城的外郭城遗址，主要发掘于郑州商城的南城墙与西城墙外侧600～1100米处。外城，历史和考古学界都认为夏商时期出现了城，但一般认为郭城在东周才出现，郑州商城外郭城的发现，表明商代是存在郭城的。郑州商城外郭城的确定，使郑州商城为商代早期都城进一步得到明确（图3-9）。

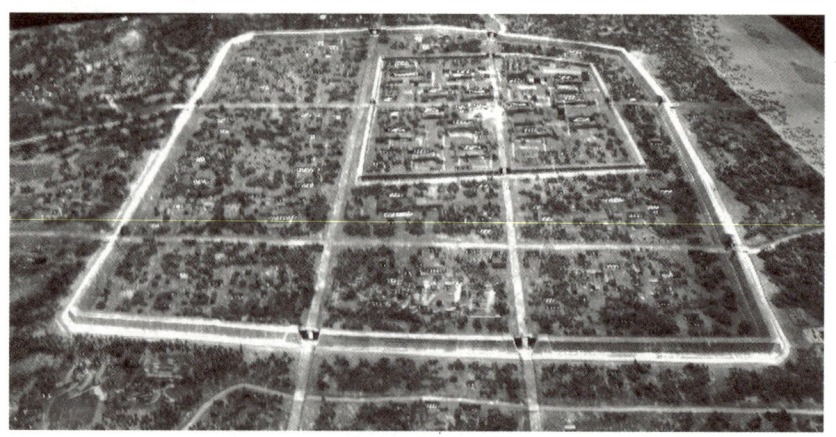

图3-9　亳都城郭沙盘演示（摄于郑州商都遗址博物院）

郑州商城内城的面积不足3平方千米，加上外郭城总面积约13平方千米。郑州商城是目前最早有郭城的都城城址，同时也为其他商城寻找郭城提供了依据。外郭城内主要发现手工业作坊和墓地、祭祀坑等遗迹，与内城的商代文化层紧密相连，表明它们为一个整体，两者功能有所不同。

3.4.2　宫城

宫城位于郑州商城内城的东北部一带，约占郑州商城1/6的范围，略呈东西向长方形。东西长约800米，南北宽约500米，面积总计约40万平方米。其范围大体是：东至郑州商城内城的东城墙北段内侧，西至工人新村的工一街东侧，北临顺河路，南到郑县旧城（即汉代及其以后的管城县和新县旧城）北城墙东段北侧。图 3-10 为商代土城墙夯筑模拟场景。

图 3-10　商代土城墙夯筑模拟场景

3.4.3　内城

郑州商城城墙四周共发现 11 个缺口，有的缺口可能与商代城门有关。西墙和北墙西段破坏较严重，残墙大部分被埋在地面以下，北墙东段、东墙和南墙的大部分还保留在地面上。由于战国及以后各代曾利用商代城墙作为基础，进行修补仍作城墙使用，所以现存城墙多被后期城墙叠压或被扰土所覆盖。城墙底宽 20 米左右，顶宽 5 米多，复原后其高度约 10 米。以全部城墙长、宽、高计算，郑州商城约用夯土量为 87 万立方米，夯前取土量约 174 万立方米。

城墙采取版筑法分段分层夯筑而成，每段长约 3.8 米，每层夯土厚度 8~10 厘米。每层夯土面上布满密集的圆形尖底或圜底夯窝，是用集束圆木棍作为夯具夯打的。夯窝直径 2~4 厘米，深 1~2 厘米。城墙的横断面呈梯形，中间层层平夯，是城墙的主体，被称为主城墙；两侧为夯筑倾斜面，被称为护城坡。墙内侧比外侧坡缓。在平夯和斜面接缝处保存着近于平直的版筑壁面，壁面上遗留有横列木板的痕迹，木板长 3 米左右，宽 0.15~0.3 米。这种倾斜面夯筑结构应

图 3-11　商代土城墙夯筑技术场景模拟

是加固城墙的措施。图 3-11 为商代土城墙夯筑技术模拟。

3.4.4　外郭城

郑州商城外郭城位于郑州商城城墙外 600～1100 米处，依据近年来考古工作者的钻探、发掘结果并结合以往的考古材料来看，外郭城墙的走向为东起凤凰台，南部穿过货栈街、新郑路、陇海路，向西折向福寿街、解放路，东部与古湖泊、沼泽地相接。外郭城对内城形成环抱之势，应当是具有防御目的的设施。

从多年来的发掘情况看，外城现均湮没于地表以下，现存高度为 1～3.5 米、基槽宽 16～20 米。外城墙的建筑方法和结构与内城大致相同，也是平地下挖基槽分段筑成。城墙夯土与基槽内填土相同，多为灰黄色细沙质土掺褐色黏土、料礓末逐层夯打而成，质地坚硬，结构紧密。夯层厚度一般为 8～10 厘米，少数夯层不规则，最厚的约为 13 厘米，最薄的约为 2 厘米。夯窝口径 3～8 厘米，夯窝深 2～3 厘米，夯窝呈圆形圜底状。郑州商城外城的发现，为研究郑州商城防御体系及其自身的范围、形状、结构提供了十分重要的线索。

郑州商城的布局，体现的是中国古城址布局中最常见的城郭之制。内城之内主要为宫殿分布区，少见或不见手工业作坊、一般居住遗址以及集中的墓葬区。外城不见大规模的夯土建筑基址，主要是铸铜、制骨、制陶等手工业作坊和一般居民点以及各种类型的墓葬。在外城墙之外，商代遗址分布已很少，而其内侧商代遗存分布密集，这说明普通民众为保障自身安全而选定居住在外城之内，这些考古材料充分证实了"筑城以卫君，造郭以守民"的记载。

郑州商城的城郭之制还体现着"外圆内方"的建造理念。这一建造理念的出现应是中原地区早期城址的发展趋势：由仰韶文化时期的圆形发展至龙山时期的方形再到多道城垣的外圆内方，这与古人根深蒂固的"天圆地方"的观念联系密切。

3.5 历代城垣遗址

3.5.1 残存的商城城垣遗址

可能正是由于东周战国时期在这里修筑管城夯土城垣时，利用整个已经废弃多年的商城夯土城垣遗址作为基础，并在商城夯土城垣外侧与顶部覆盖了战国时期的管城夯土城垣，秦、汉及其以后的唐、宋各代，直至元、明、清与民国年间，又利用商城城垣和战国时期管城城垣靠南部约2/3的城垣作为基础，修筑了"管县""管城县""郑州""郑县"等历代城垣，并将商城夯土城垣覆盖，所以才使商城夯土城垣得以保存下来（图3-12）。

据考古发掘证明，现存的郑州旧城墙就是东汉时代的管城城墙，部分与商代城墙重叠。通过城墙的剖面图（图3-13）可以看出，断续地叠加有汉、唐等历代修补的城墙，这说明汉以后历代还一直修补和使用着，不过城垣较前约缩小了1/3。在秦汉时期，新夯筑北城墙，并持续使用至民国时期。而商代和春秋战国

图 3-12　郑州商代遗址

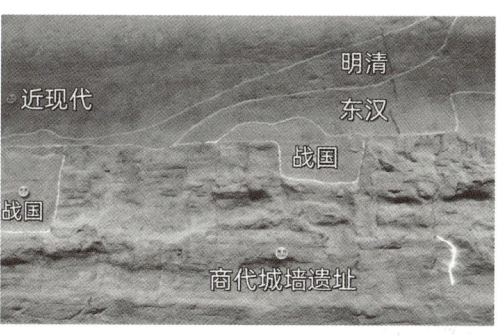

图 3-13　土城墙历代土层剖示

图 3-14 东汉城墙现状

时期的城垣北部,从东汉以后,管城的北部城垣即行废弃。紫荆山就是商代和春秋战国时期北城墙的残留(图3-14)。

3.5.2 元代东城门遗址

2000年,在东大街拓宽工程中于商城东垣豁口处发掘出城门遗迹。经清理发现该城门分6个部分组成,即碑楼、记事碑、城门主体部分、后建城墙护砌部分、城门内路面铺石部分、城门外侧建筑遗存。城门遗址东西长25米,南北宽13.5米(南侧受路面限制未做清理),城门内宽近5米,长16米。依据发掘清理观察推断,该城门始建于元代中早期,始建时为石砌。该城门曾经过两次修复沿用,自元代始建一直使用至解放初期。

3.6 商文化影响至今

郑州商城是一座商代前期都城遗址,距今已有3600年的历史,是商王汤所建的亳都。《尚书序》中说:"汤始居亳,从先王居。"这里正是成汤及其先王所居的亳地。建都在郑州说明商人"择中立都"的思想。郑州商城既是先商方国之亳,也是早商王国之亳。

做买卖的行业叫作商业,市场上用来交换的物品叫作商品,做买卖的人叫作商人。为什么凡是与买卖有关的事和人,都要冠以"商"字呢?原来,这与我国的商朝有着直接关系,"商人"就是从"商族人"这个词演变而来的。原始社会后期,人类社会出现了以物易物的交换活动。到了夏代,社会上游离出一部分专门从事物品交换的人。4000多年前,黄河流域居住着一个古老的部落,他们的首领叫契。契协助大禹治水有功受封,封地为商(今河南商丘),他的部落便被称为商族。契的六世孙王亥很会做生意,经常率领奴隶驾着牛车到黄河北岸去做买卖。王亥最后一次经商是到黄河以北的有易氏（今河北易水一带）。据《竹书纪年》记载：帝泄"十二年，殷侯子亥宾于有易，有易杀而放"，帝泄十二年，即公元前1810年，王亥和弟弟王恒一起从商丘出发，载着货物，赶着牛羊，长途跋涉到了河北的有易氏。有易氏的部落首领绵臣见财起了歹意，杀害了王亥，赶走了王亥的随行人员，夺走了货物和牛羊。王亥的弟弟王恒日夜兼程逃回商丘。王亥之子上甲微非常悲愤，欲为王亥报仇。但由于诸多原因，当时未能立即出兵，4年以后，即公元前1806年，才借助河伯之师灭了有易氏的部落，杀了绵臣，为父王王亥报了仇。

商族到了商汤时期，手工业尤其是纺织业已相当发达。商汤为了削弱夏的国力，组织妇女织布纺纱，换取夏的粮食，把贸易作为政治斗争的武器，最后灭了夏朝的统治者夏桀，建立了商朝。商朝建立后，商族人开始从事农业生产，其手工业也相当发达。

周朝建立后，商族人由统治者变成了周朝的奴隶，生活每况愈下。商族人为了过上好日子，纷纷重操旧业——做生意。久而久之，人们便有了这样的看法：商族人就是做买卖的人。后来，人们简称商族人为"商人"，这一称呼一直沿用至今。

3.7 中原商业中心

2016年郑州市委、市政府立足世界知名历史文化名城，郑州国际商都和国家中心城市建设需要，加快建设商代王城遗址列入郑州市新型城镇化建设新三年行动计划六项重点工作之一。2016年12月26日，经国务院批复同意，国家发展改革委正式发布《促进中部地区崛起"十三五"规划》，规划中明确提出发展壮大中原城镇群，支持郑州建设国家中心城市。未来郑州作为中原城镇群中心，将大力释放发展潜能，引领和带动周边城市产业提升，加强历史文化彰显和推动作用，培育和发展创新产业及服务业。

图3-15为郑州新店商业地标锦艺城规划，图3-16为亳都商业文化街区效果图。

图 3-15　郑州新店商业地标锦艺城规划效果图

图 3-16　亳都商业文化街区效果图

4 建筑文化源泉

河南的古建筑曾经引领中国，在北宋，有个名叫李诫的人写了一本建筑学著作——《营造法式》，是李诫在两浙工匠喻皓《木经》的基础上编写而成的。这本书是经北宋官方颁布的一部有关建筑设计、施工的规范书，标志着中国古代建筑已经发展到了较高阶段。由此，中国真正进入了规范建筑营造的康庄大道。为了了解河南古建筑的情况，有必要先了解一下其他地区的古建筑（图4-1）。

图4-1　郑州巩义市宋陵

4.1　中国传统建筑的外檐特点

中国传统建筑是中华传统文化和民族特色的传承载体。中国古代建筑的类型很多，主要有宫殿、坛庙、寺观、佛塔、民居和园林建筑等。

传统是一个民族或地区在理与情方面的认同和共识，属于文化范畴。传统是指文化传统，传统文化的总体决定传统建筑的基本形态，传统建筑也从一定的角度体现了传统文化的形态，两者是互不可分的。因此，传统的特点是民族色彩和地方色彩。中国传统建筑正是中华历史悠久的传统文化和民族特色的最精彩、最直观的传承载体和表现形式。中国传统建筑主要有以下特点。

4.1.1 大气

中国传统建筑的大气主要体现在大门、大窗、大进深、大屋檐上，给人以舒展的感觉（图4-2）。大屋檐下形成的半封闭的空间，既遮阳避雨，起庇护作用，又视野开阔，直通大自然。大气，最充分地体现了中国古代传统建筑"天人合一"的思想。

图4-2 郑州文庙大成殿

4.1.2 生气

中国传统建筑的生气体现在四角飞檐翘起，或扑朔欲飞，或耸立欲飘，让建筑物（包括塔、楼）的沉重感显得轻松，让凝固显得欲动（图4-3）。若大气产生于理，则生气产生于情。情越浓，艺术性越强。中国传统建筑造型具有极高的艺术性，西方传统建筑的艺术性不在建筑物本身，而在其附着的雕塑或绘画——观赏艺术，无法给建筑物自身带来生气。

图 4-3　开封山陕甘会馆鸡爪牌坊

4.1.3　富丽

中国传统建筑的富丽体现在琉璃材料的使用上（图 4-4）。琉璃的使用寿命长，颜色鲜艳，在阳光下耀眼夺目，在各种环境中富丽堂皇。其较高的成本，象征着财富和地位。

图 4-4　社旗山陕会馆

可见，大气、生气、富丽三者，既有其特定的行色，又有其丰硕的内涵，三者的结合构成了中国建筑的传统性。

4.1.4 重山林风水

上述三个特点，仅指建筑物本身，未涉及其环境。若包括环境，中国建筑的传统性还有第四个特点——重山林风水。中国历代的职业风水先生，去除迷信成分，可称得上是选址专家。这就是依山就势，借助周边环境营造地区建筑特色的特点。例如，湘西民居、东北的井干式木质建筑、西南民族地区的干栏式建筑等。

中国传统建筑不仅重自然的山林风水，也重人工的山林风水，让人工的与自然的相协调，院内的与院外的相衔接，营造"天上人间"之境，使人产生"此中有真意，欲辨已忘言"的心旷神怡之感（图4-5）。

图4-5 艮岳复原图

中国古典园林的园景建造上主要是模仿自然，即利用人工的力量来建造自然景色，达到"虽有人作，宛自天开"的艺术境界。所以，园林中除大量的建筑物外，还要凿池开山，栽花种树，用人工营造的景色仿照自然山水风景，或以古代山水画为蓝本，加以诗词的情调，构成许多如诗如画的景。因此，中国古典园林是建筑、山池、园艺、绘画、雕刻以至诗文等多种艺术的综合体。中国古典园林的这一特点，主要是由中国园林的性质决定的。造园，除满足居住上的享乐需要外，更重要的是追求幽美的山林景色，以达到身居城市而仍可享受山林之趣的目的。这种借势或者营造自然环境的典型代表是苏州园林，当然也包括济南、扬州、岭南一些地区的园林建筑。

4.2 中国传统建筑的地域特点

中国自古地大物博，建筑艺术源远流长。不同地域其建筑艺术风格等各有差异，但其传统建筑的组群布局、空间、结构、建筑材料及装饰艺术等方面却有着共同的特点，且区别于西方，享誉全球。

中国传统建筑，论其结构，不论是皇家的宫苑，还是散见于各地的各类型的建筑，包括民居，均强调天人合一，以人为本。

抬梁式，就是在屋基上立柱，柱上架梁，梁上放短柱，其上再放梁，梁的两端并承檩；这样层叠而上，在最上层的梁中央放脊瓜柱以承脊檩。这种结构的建筑，室内少柱或无柱，空间较大，在中国应用很广，特别是北方用得更多。

穿斗式，这种结构的特点是由柱径较细、柱距较密的落地柱与短柱直接承檩，柱间无梁而用若干穿枋联系，并以挑枋承托出檐。这种结构用料小，但室内柱密，空间不够开阔，在中国南方使用很普遍。

图 4-6 为抬梁与穿斗梁架的对比图。

(a) 抬梁式梁架

(b) 穿斗式梁架

图 4-6 抬梁式与穿斗式梁架对比图

中国传统建筑在运用色彩方面积累了丰富的经验，如在北方的宫殿、官衙建筑中，很善于运用鲜明色彩的对比与调和。房屋的主体部分即经常可以照到阳光的部分,一般用暖色,特别是用朱红色。因为南方终年青绿、四季花开,为了使建筑的色彩与南方的自然环境相调和,所以使用的色彩就比较淡雅,多用白墙、灰瓦和栗、黑、墨绿等色的梁柱,形成秀丽淡雅的格调。

河南地区星罗棋布、虚实相间的地坑院群,冬暖夏凉、节地节材,或隐于梁峁沟壑,或没于土塬之下(图4-7)。

图4-7 河南三门峡地坑院

南方地区傣、景颇、德昂等民族的竹楼,是多竹地区仿照木构干栏式建筑而形成的,木楼板、竹笆墙、茅草顶,通透轻盈,灵秀多姿。彝族的土掌房厚墙平顶,高低错落、朴实优美。石砌建筑中,布依族用片石、毛石铺设屋面、砌筑墙体,藏族、羌族以石块构筑碉房。此外,还有游牧民族"穹庐为室毡为墙"的移居建筑传统。就地取材,构成了中华建筑文化的诸多分支,形成了中华大地以木结构建筑为主体、多种地方形态并存的建造文化体系。

4.3 中国传统民居建筑派别

中国传统民居是中国传统建筑文化的重要组成部分,具有丰富多样的流派和独特的地域特色。这些民居流派包括了徽派、闽派、京派、苏派、川派、晋派等,每一种民居流派都有着悠久的历史背景和独特的建筑特色。

4.3.1 徽派

1. 历史

徽派建筑流派起源于中国古代的徽州地区,其兴盛时期主要集中在明清时代。徽州地处江淮之间,自古以来就是商贸繁盛之地,而徽州商人因商业贸易而兴盛。明清时期,徽州地区的商贾逐渐发展起来,成为一支独具特色的商业势力,也为当地的建筑艺术带来了独特的发展机遇。在这样的历史背景下,徽派建筑得以迅速兴盛,成为当地独具特色的建筑流派。

2. 地理位置

徽派建筑主要分布在安徽省黄山市一带,如徽州、歙县等地。

3. 建筑特色

徽派建筑以庭院式布局为主,注重对称、严谨,追求几何美和对景观的精心设计。墙体多采用青砖灰瓦,檐口翘角,雕刻繁复精美。

4. 文化内涵

徽派建筑体现了徽商文化的繁荣和徽文化的精髓,强调家族意识和传统礼仪,也反映了当地人民对自然环境的敬畏和向往。

5. 现存情况

目前,徽派建筑中有许多保存完好的古建筑,成为旅游景点或文物保护单位。比如,位于安徽省黄山市的宏村古建筑群(图4-8)、宏村南湖、徽州古城、黟县宏村、石城古镇、王家大院、诸葛八卦村。

图4-8 徽州宏村

随着新时代经济的发展，徽派民居建筑以其俊美的外形，黑白分明的特质逐渐引起了很多地区的追捧。现在徽派建筑的马头墙与徽派砖雕的技艺特色已经影响了江浙苏赣湘等大部分地区，甚至随着房地产业的脚步，踏进了华北的很多地区。当然，这里面的建筑形式对当地建筑特点造成的影响，暂不做评论。

4.3.2 闽派

1. 历史

闽派建筑源于中国古代的福建省，其兴盛时期主要集中在宋元明清时代。福建地处中国东南沿海，自古以来就是对外贸易的重要门户之一，闽南地区的海外贸易十分繁荣。在这样的背景下，闽南地区的商业发达，人们的生活富足，也催生了闽派建筑的独特风格。闽派建筑在宋元明清时期达到了巅峰，成为中国建筑艺术的重要流派之一。

2. 地理位置

闽派建筑主要分布在福建省，尤以泉州、厦门、福州等地为主。

3. 建筑特色

闽派建筑注重装饰和雕刻，外墙常常采用多彩的琉璃瓦装饰，檐口翘角，风格独特。闽派建筑也常常与庭院和园林相结合，形成了独具特色的福建园林建筑。

4. 文化内涵

闽派建筑反映了福建地区独特的海洋文化和商业文化，也体现了闽南人民勤劳、开放的生活态度。

5. 现存情况

在福建省泉州市，有许多闽派建筑保存完好，其中最著名的是世界文化遗产鼓浪屿，还有泉州开元寺、泉州南少林寺、南普陀寺（图4-9）、晋江安平洋村。

4 建筑文化源泉

图 4-9 南普陀寺天王殿

4.3.3 京派

1. 历史

京派建筑起源于中国古都北京，其兴盛时期主要集中在明清时代。北京自古以来就是中国的政治、文化、经济中心，而明清时期更是中国封建社会的鼎盛时期。在这样的历史背景下，京城的建筑艺术得以迅速发展，形成了独具特色的京派建筑风格（图4-10）。京派建筑在明清时期达到了顶峰，成为中国古代建筑的代表之一。

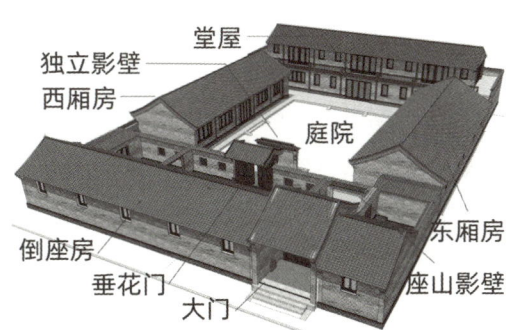

图 4-10 京式四合院布局

2. 地理位置

京派建筑主要分布在北京市，尤以北京城区为主。

3. 建筑特色

京派建筑注重对称和庄重，常采用青砖灰瓦，檐口翘角，飞檐

47

曲折。布局上多以庭院式为主，同时注重与周围环境的协调和景观的营造。

4. 文化内涵

京派建筑是中国古代宫廷建筑和封建社会建筑的典范，体现了封建王朝的权威和荣耀，也是中华传统文化的重要象征之一。

5. 现存情况

在北京市，许多京派建筑得到了保护和修复，成为北京的文化遗产和旅游景点。比如故宫是中国古代建筑的典范之一，是明清两代的皇家宫殿建筑。此外，还有天坛、颐和园、北海公园等。

京式四合院的民居特点影响了京津、河北、山东等华北地区，对山西与河南的影响较小。

4.3.4 苏派

1. 历史

苏派建筑起源于中国江南名城苏州，其兴盛时期主要集中在明清时代。苏州地处江南水乡，自古以来就是中国的商业重镇和文化名城，而明清时期更是苏州经济文化繁荣的时期。在这样的背景下，苏州的建筑艺术得以迅速发展，形成了独具特色的苏派建筑风格。苏派建筑在明清时期达到了巅峰，成为中国建筑艺术的重要流派之一。

2. 地理位置

苏派建筑主要分布在江苏省苏州市及周边地区。

3. 建筑特色

苏派建筑注重水景和园林的融合，常采用青砖灰瓦，檐口翘角，飞檐斗拱，同时注重与周围环境的和谐统一。

4. 文化内涵

苏派建筑是中国古代园林建筑的代表，反映了江南水乡的独特风情和文化内涵，也是中国园林艺术的重要代表之一。

5. 现存情况

苏州市的园林建筑是苏派建筑的代表之一，如拙政园、留园、忠王府、平江路古街、虎丘榭园（图4-11）。

随着信息的传播，经济的发展，苏式园林风格的建筑也遍布大江南北，包括宁夏的园林风格，甚至福建的院落营造都有苏式园林的影子。

图4-11 苏州虎丘榭园

4.3.5 川派

川派建筑，即流行于四川、云南、贵州等地的一种建筑风格，作为巴楚文化的活化石，是当地少数民族特有的建筑风格。以川西的吊脚楼（图4-12）和傣族的西双版竹楼为主要代表，川派建筑的尊贵在于它融合了多民族的智慧，主要居住民族是苗族、布依族、侗族和土家族等。由于南方的气候比较潮湿，昼夜温差较大，而且尤其是夏季

图4-12 川西吊脚楼

蛇虫出没较多，多依山靠河，所以形成了当地独有的吊脚楼建筑风格。川西吊脚楼呈虎座形，正屋建立在地上，拥有着优雅且长的丝檐和宽阔的走廊，使得吊脚楼独树一帜，被称为巴楚文化的"活化石"，吊脚窗户是面向水面，所以也有"望江楼"的说法。

4.3.6 晋派

1. 历史

晋派建筑源于中国山西省，其兴盛时期主要集中在明清时代。山西自古以来就是中国农耕文明的发源地之一，而山西商人的兴起也为当地的建筑艺术带来了独特的发展机遇。在这样的历史背景下，晋派建筑得以迅速兴盛，成为山西地区独具特色的建筑流派。

2. 地理位置

晋派建筑主要分布在山西省晋中地区，如平遥、大同等地。

3. 建筑特色

晋派建筑注重实用性和防御性，常采用青砖灰瓦，檐口翘角，飞檐斗拱，同时具有浓厚的地方特色。

4. 文化内涵

晋派建筑反映了山西地区的历史文化和民俗风情，体现了古代商贸城市的繁荣和晋商文化的精髓。

5. 现存情况

在山西省晋中地区，有许多晋派建筑保存完好，成为当地的文化遗产和旅游景点。比如，平遥古城、乔家大院、王家大院（图4-13）、张家大院、云冈石窟。

图4-13　晋中王家大院

晋派传统民居建筑，对陕西、河南等地影响很大。从建筑制式、建筑构件的应用、建筑中包含的祭祀文化都基本一致。例如，在墙面上设置土地龛位的特点，砖雕与木雕的文化关联性都有非常多的体现。

4.4 商代都城传统民居

说到文化传承尤其是建筑文化的延续性，不得不提商代传统民居。现今尽管没有商代建筑遗存，但借助考古发现、历史文献以及对商代时期社会生活的深入研究，人们得以勾勒出商代民居的雏形与特征，仿佛在历史长河中聆听着这一段古老文明的低语。

在商代时期，民居建筑的结构主要以木质骨架为主，辅以土墙或夯土墙作为墙体，屋顶覆盖以茅草、竹篾等自然材料，构成了简约而朴实的建筑形态（图4-14）。这些房屋大多围绕着一个中心庭院布局，形成了自成一体的院落式生活空间，映射着当时人们对家庭生活的美好向往与追求。

图4-14 商代民居复原模型

商代民居的平面布局多呈方形或矩形，前后分为起居空间和生活空间。起居空间通常为前部，设有宽敞的客厅或起居室，用于家庭聚会、祭祀等活动；生活空间则位于后部，包括厨房、卧室等功能区域，为家人提供舒适的生活场所。

在建筑材料的选择上，商代民居以当地自然材料为主，以木材为骨架，土墙为墙体，茅草为屋顶覆盖，营造出一种与自然和谐共生的生活氛围。同时，民居装饰上也追求简约而朴素，常见的装饰手法包括简单的线条纹饰、几何图案和动植物纹样等，体现了古代商代人民的审美情趣和生活态度。

4.4.1 院落形式

近代中原民居院落的平面布置形式呈现多样化的特点，但大致可归纳为四种基本形式，即四合院、三合院、前后排院房。根据四周建筑物围合的情况，若四面都布置建筑，周边房屋之间的空隙再用围墙封堵，则形成四合院。同理，还可形成三合院、二合院，甚至只有一座房子加周边围墙，也要形成院子。四合院与三合院在河南各地广泛分布，这些院落还可以以院作为一个单元，进一步组合成为中型或大型复合型院落。图4-15为郑州清代任家老宅外院墙。

图4-15　郑州清代任家老宅外院墙

主次分明、尊卑有序是官式建筑的特点。四合院、三合院形式大相同，由四面或三面房屋围合而成。院落中轴线明显，正房坐中，倒座相对，两侧厢房对称分布。

纵向狭长的长方形窄型院落为主，正房露脸较少。郑州地理条件是以平原为中心，山区、丘陵为维护的地区特点，中间穿插着母亲河——黄河，使得这一区域土地丰厚，自古为重要产粮区，土地珍贵。民居院落普遍较窄，一般宽度是两厢房抬口间距等于正房明间面阔，民间普遍有"宽房窄院"之说，把有限的地面尽量用于扩大厢房进深，是院落建设的基本理念。在这种思想指导下，正房露脸都比较窄。

4.4.2 建筑特征

1. 整体外观

整体上，管城回族区传统民居墙体高大厚实，上房多为二层，对外封闭，外观简朴。院落空间上，呈纵长方形。院落布置简洁严谨。在建筑上，木构件结构受力合理，用材适中。屋面举折平缓，墙体厚实；整体素雅，灰色砖墙。檐部墀头雕饰和门窗部位的雕刻表现出装饰和色彩的丰富。

2. 结构构造

木结构设计严谨合理，用材朴实，多自然材，尺寸适中。墙体多为砖砌，也有一小部分的民居墙体为内土坯外包砖式。

3. 细部装修

管城回族区传统民居的装修给人以简单、轻松但不简陋的感觉。体现出整体风格简洁、造型多样、装饰繁简适度、用色素雅、简朴实用等特点。

总体上，商代民居虽已随着时光的流逝逐渐消逝在历史的长河中，但其建筑特点和生活形态仍然激发着人们对古代文明的探索和想象。它们作为中国古代建筑历史中的一部分，承载着丰富的历史文化内涵，彰显了古代先民的智慧和勤劳，永远闪耀着文明的光芒，为后人铭记。

4.5 河南传统建筑的再认识

为了亳都—新象现代都市文化商业街区的建设更具有地域性和传承的特点，我们多次组织了对河南各地市传统优秀建筑的大规模梳理、分析和考察。大量的考察工作使我们逐渐认识到，河南地区的传统民居建筑，无论是建筑的风格，还是构造的方式，都深深地打上了这个地方的烙印。

从郑州的商城遗址到安阳的殷墟，从巩义康百万庄园（图4-16）

筑苑·亳都新韵——街区文化

图4-16 巩义康百万庄园

至洛阳的古街巷，再到南阳的村落，我们一步步走入河南的各个角落，寻找那些沉默的古老建筑。每一个建筑的角落，每一块砖石，都似乎在诉说着它们的故事。

考察的过程中，我们不仅对传统建筑地区的特点进行了深入的分析，还对构件造型进行了细致的考察。我们发现，河南地区的传统民居建筑，无论是屋顶的瓦片，还是墙壁的砖石，都经过了精心的设计和制作，既实用又美观。而这些构件的设计和制作，也是这个地区传统建筑的一个重要特点。

在考察的过程中，我们还注意到了传统建筑的一些保护和传承问题。有些古老的建筑已经失去了原来的面貌，有的地方的传统建筑文化正在被现代化的建筑所取代。这让我们的心中不禁有些感慨，如何更好地保护和传承这些优秀的传统文化，是人们必须要面对的问题。

但我们也相信，只要人们能够继续关注和投入，这些优秀的传统文化一定能够得到更好的保护和传承。我们的工作不仅仅是整理和分析这些建筑的特点，更是为了让更多的人了解和认识这些传统建筑的价值。

中国的传统建筑流派的划分，是按照原住地居民长久以来根据当地风土人情而形成的不同风格的民居来决定的。建筑的流派并没有根据省份来严格划分，一些地区受地理位置的影响会产生多种文化的融合，因而当地会有别具一格的建筑或是包含多种建筑风格。所以在亳都—新象现代商业都市文化街区的设计与文化定位中，应做到传统文化与现代文明交相辉映，历史文脉与文化创意相得益彰，传统建筑文化、美食文化、非遗民俗文化相融合。

河南地处北方，但与山西、陕西、湖北、安徽、河北、江苏、山东交界，而山西和陕西以晋派建筑为主，江苏以苏派建筑为主，安徽以徽派（皖派）建筑为主，河北以京派建筑居多，故河南的建筑派系融汇了晋派、苏派、徽派和京派。河南地区的传统民居建筑也具有鲜明的地区特点，构件造型独特，实用美观。例如鹤壁浚县古城中的老民居就融合了山西、河北和山东的地方民居特点，中轴对称、布局紧凑、素雅实用（图4-17）。

图4-17　河南鹤壁浚县古城

4.6　豫中地区传统建筑

河南省位于中国中部，简称豫，省会郑州。该省分为豫北、豫中、豫西、豫南、豫东五个地区，包括安阳、鹤壁、济源、焦作、新乡、濮阳、郑州、许昌、平顶山、漯河、洛阳、三门峡、南阳、驻马店、信阳、开封、商丘、周口等城市。各地市均有丰富的历史文化和自然景观。

我们先从省会所在地说起，豫中地区包含郑州市、平顶山市、许昌市、漯河市等城市。

其中，郑州可以称为我国城市文明的源头。郑州早在5300年前就出现了人类建造的城池——西山古城，之后至秦汉时又先后出现了40多座古城，夏、商都曾定都于此，特别是商朝在此建都之后，郑州的城市文明一直绵延发展至今天。

郑州传统建筑融合了多种风格和文化，反映了其悠久的历史和丰富的文化底蕴。受到中原文化的影响，郑州的传统建筑常常以简约大气、雄伟庄重为特点，注重对称和均衡。古代郑州城市布局遵循典型的中国城市规划，以城墙为界线，内外有序，街巷纵横交错。

郑州传统建筑结构多采用木质框架结构，屋顶覆盖青瓦，飞檐翘角，体现了传统汉族建筑的风格特点。典型的郑州传统建筑包括寺庙、城隍庙、古城墙等，这些建筑不仅是城市历史的见证者，也是郑州文化传承的重要载体。随着城市的发展，现代建筑风格也在郑州城市中逐渐兴起，但传统建筑仍然占据着重要地位，成为城市的文化符号和旅游景点（图4-18）。

图4-18 郑州巩义市琉璃庙沟村民居

4.6.1 郑州城隍庙

郑州城隍庙位于河南省郑州市中心区，是一座具有悠久历史的古建筑，始建于明代，距今已有数百年的历史。作为城隍庙，它是供奉城隍神的场所，被视为城市的守护神，人们常常在这里祈求平安和祥和（图4-19）。

图4-19 郑州城隍庙

城隍庙的平面布局呈现出典型的封闭式结构，主要由前殿、中殿、后殿等建筑组成，沿中轴线依次排列，两侧常有配殿或廊庑。庙宇周围常围以高墙，形成一个封闭的院落，屋宇围合而成的院落在郑州市中心显得格外宁静祥和。

城隍庙的立面采用典型的古代宫殿式建筑风格，常见的是重檐歇山顶的形式，屋檐飞檐翘角，显得庄严肃穆。主殿、配殿等建筑外墙常常采用青砖砌筑，建筑结构简洁大方，具有鲜明的中国传统建筑特色。

城隍庙的构件常采用木质结构，梁柱等构件精雕细琢，体现了中国古代建筑的工艺水平和审美追求。门楼、廊柱、檐角等处常常装饰有精美的木雕，雕刻内容多为龙凤、神兽等吉祥图案，富有中华传统文化的神韵（图 4-20）。

图 4-20　城隍庙前殿与彩绘

4.6.2　郑州文庙

郑州文庙位于河南省郑州市中心，建于明代，是一座具有悠久历史的古代学府。作为供奉孔子及其他儒学先贤的场所，文庙是中华传统文化的重要载体，也是传承儒家文化的重要场所。

郑州文庙的平面布局通常呈现出一种对称均衡的结构，主要由大成门、大成殿、东西配殿、尊经阁（图 4-21）等主体建筑组成，中轴线上往往还配有牌坊和泮池、泮桥等附属建筑。郑州文庙整体布局体现了传统的宫殿式建筑风格，院落结构完整，空间布局庄重肃穆。

图 4-21　郑州文庙尊经阁

立面布局常常采用单檐或重檐歇山顶的形式。建筑外墙常采用青砖砌筑，凸显官式建筑稳重与等级、古朴典雅与对称格局的特点。门窗的设计简洁循序而为，大成殿采用最高等级的六抹头三交六椀菱花槅扇，配殿与尊经阁则采用的是正方格门窗棂格形式，既体现了中国传统建筑主次尊卑的等级观念，又处理得庄重和典雅。

文庙的构件常常采用精雕细琢的石雕、木雕等。装饰图案多为龙凤、神兽、花鸟等寓意吉祥的图案，反映了中国古代建筑的工艺水平和审美追求，展现了古代文化的独特魅力。

4.6.3　北大清真寺

北大清真寺位于河南省郑州市二七区，是郑州市较早的清真寺之一，历史悠久，代表着伊斯兰教在郑州的历史与传承。

北大清真寺的平面布局通常呈现出一种朝拜的方向性结构，主要由礼拜厅、宣礼厅、教学楼等建筑组成，中轴线上往往还配有尖顶的宣礼塔或者钟楼。北大清真寺整体布局体现了清真寺的宗教特色，院落结构严谨，空间布局庄重肃穆。

北大清真寺的立面布局常常采用单层或多层的平顶结构。建筑外墙常采用白色涂料或灰色石材，显得简约庄重。门窗设计简洁明快，体现了伊斯兰建筑的朴素和庄严（图4-22）。

图4-22　郑州清真北大寺望月楼

清真寺的构件常常采用砖石、大理石等材料。装饰图案多为花纹、几何图案等，体现了伊斯兰建筑的装饰特色和宗教信仰。建筑内部常常装饰有精美的拱门和穹顶，展现了伊斯兰建筑的独特魅力。

4.6.4 任家老宅

任家老宅位于河南省郑州市管城回族区,是一座建于清代的古代民居,具有悠久的历史和独特的建筑风格。该建筑属于典型北方传统民居风格的古建筑,包括主楼、配楼、庭院等,建筑风格融合了汉族传统的宅院建筑风格,具有独特的历史和文化价值。

任家老宅的平面布局采用传统的庭院式结构,通常由前院、中院、后院等组成。其中轴线上往往有主楼,两侧有配楼或者厢房,形成了开敞的院落空间。庭院内部常种植有花木,绿树成荫,给人一种宁静祥和的感觉(图4-23)。

图 4-23 郑州任家老宅大门

任家老宅的立面布局常采用多进多出的形式,建筑立面常采用木质结构。屋顶常常是歇山顶或筒瓦顶,具有独特的北方传统民居风格。建筑外墙常用青砖砌筑,门窗设计简洁明快,体现了北方传统建筑的朴素和典雅。

任家老宅的构件常采用木质结构,梁柱等构件经过精雕细琢,体现了中国古代建筑的工艺水平和审美追求。门窗常常装饰有精美的木雕,雕刻内容多为花鸟、人物等,反映了古代建筑的装饰艺术和文化内涵。

4.6.5 平顶山叶县县衙

叶县县衙,位于河南省平顶山市叶县东大街,占地面积16848平方米,始建于明洪武二年(1369年)。

在中国漫长的历史长河中曾有过2万多座各级衙门,不过现今保存完整的仅剩7座,其中县衙仅有4座。这4座县衙中最出名的当属山西平遥县衙,始建于北魏,定型于元明清,但保存最好的唯一一座明代县衙是河南叶县县衙，始建于明朝洪武二年（1369年），至今已有600多年历史。

叶县县衙是由中轴线及东、西两侧副线三部分建筑群组成的，除了位于中轴线上的大堂、二堂、三堂，其东侧副线上由南向北依次分布着监狱、厨院、知县宅等建筑。西侧副线上有古时衙署内工作人员办公及休息的西群房，知县反省自身功过的虚受堂、思补斋及南北书房等建筑，布局合理，风格古朴，充分显示了明代县级政权官署衙门的规制和风貌（图4-24）。

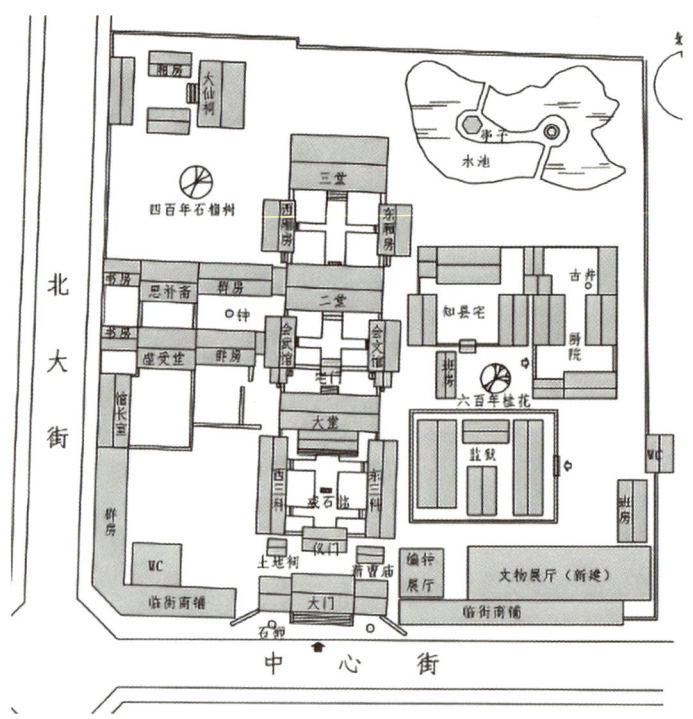

图4-24 河南叶县县衙平面图

叶县县衙建筑群落布局合理、规模宏大，其建筑形式融南北之风格，对研究中国古代建筑的风格、流派特点及变化规律等都具有重要价值。2006年5月25日，叶县县衙被国务院公布为第六批全国重点文物保护单位。

叶县县衙大堂前的卷棚，主体采用天沟罗锅椽勾连搭连接的做法，是高级别县令在建筑形式上的反映，是中国古代建筑的孤品（图

4-25)。在建筑风格上，叶县县衙有着融南北建筑风格为一体的独特建筑形式。由于地处中原地带，叶县县衙的建筑风格沿袭了中国北方地区对称的庭院式建筑结构布局，突出了中国北

图 4-25　河南叶县县衙大堂

方地区乃至黄河中下游地区粗犷、端庄、古朴的建筑特点，加之叶县位于"南通云贵，北达幽燕"的交通要道，受南北方经济及文化交汇地域的影响，该建筑在木作、砖雕技术等方面融入了南方建筑工艺精巧、细腻的部分特点，为研究中国古代南北建筑流派的特点及变化规律提供了实物依据。

4.6.6　豫中地区平面布局特点

在平面布局方面，古建筑通常采用庭院式布局。这种布局将建筑主体分隔成前院、中院、后院等多个院落空间，形成开敞的院落空间，同时也有利于居民生活的私密性和采光通风的良好性能。古建筑的平面布局通常呈现出对称均衡的结构，中轴线上常配有主殿、配殿等主体建筑，两侧有廊庑或厢房，体现了古代建筑的庄严和谐之美。图 4-26 为豫中四合院平面布局。

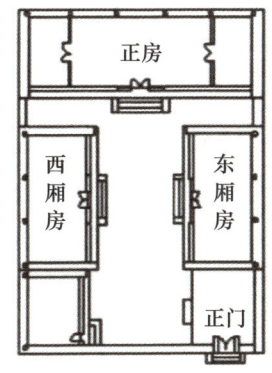

图 4-26　豫中四合院平面布局

豫中传统民居单体建筑的平面一般分为四种情况。

如图 4-27 所示，图（a）为"一堂二内"平面，是民居建筑单体中数量较多、运用较为广泛的一种基本形式；图（b）为普通民居为了分隔空间的需要，将三间民房分为两所，内墙若通顶还可节省一榀

梁架；图（c）为七架梁带有明廊形制，多用于一进院厅堂或当地的大祠堂，前者进深多为五架，后者多为七架；图（d）为带前廊式民居平面，多见于一进院正房或厢房。

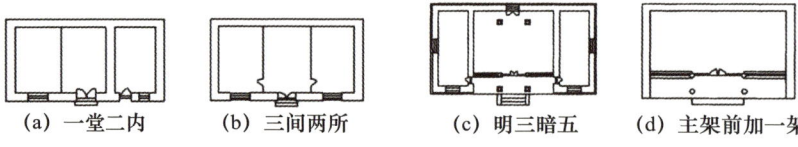

(a) 一堂二内　　(b) 三间两所　　(c) 明三暗五　　(d) 主架前加一架

图 4-27　四种平面对比图

此外，豫中地区的民居建筑还注重风水理念，如"背山面水""负阴抱阳"等，以营造宜居的环境。在民居的入口处，常常设置影壁或屏风，以遮挡视线，增加私密性。在规模较大的民居中，还常常有前院、后院、侧院等不同层次的院落，以满足家族成员的不同需求。

4.6.7　豫中地区立面布局特点

至于立面特点，古建筑的屋顶形式常见的有单檐、重檐、抬梁、歇山等形式，这些形式不仅具有防雨、通风的功能，也体现了不同历史时期和地域文化的特色。建筑外墙常采用青砖、灰瓦等材料，构件采用木质结构，反映了古代建筑的材料和工艺水平。立面常常装饰有精美的雕刻和砖雕，如花纹、龙凤、神兽等图案，这些装饰图案不仅增添了建筑的艺术美感，也反映了古代建筑的装饰艺术和审美追求。

豫中地区的古建筑作为中国古代建筑的重要代表之一，展现了丰富的历史内涵和文化价值。这些古建筑不仅是地方文化遗产的重要组成部分，也是历史的见证者和传统文化的载体，吸引着众多游客和学者前来探寻其历史与魅力。在现代社会，这些古建筑仍然保留着其独特的价值，成为城市景观中的一道亮丽风景线，也为人们提供了了解历史、感受传统文化的机会。

综上，豫中地区传统民居的建筑布局特点是中轴对称，四周围合式的院落形式。这种院落形式最早出现在河南偃师二里头遗址一号宫殿。豫中传统民居平面一般呈现出南北长而东西窄的形状，房屋坐北朝南，北为正房，南为倒座，东西方向为厢房，并以此纵向展开组成多进院落，再横向展开组成多路的民居建筑群，并且将大门置于东南角方向，有紫气东来的寓意。

4.7 豫东地区传统建筑特点

豫东主要是指郑州以东的开封市、商丘市、周口市。其中，商丘是河南省的东大门，位于苏鲁豫皖四省交界附近。商丘是春秋时宋国的国都，北宋真宗时以商丘为南京，设归德府，赵匡胤定国号为宋，就与商丘有直接关系。1127年，北宋灭亡后，宋徽宗第九子赵构在商丘建立了南宋王朝，然后向南迁移。五代后梁、后晋、后汉、后周，北宋和金朝后期均定都于此，尤其是北宋定都开封160多年。世人皆知的《清明上河图》描绘的就是北宋时开封城的繁华。当时的开封府是世界上较大的城市之一，让人叹为观止。由此可见豫东地区传统建筑文化之悠久，建筑历史之深厚。

开封市古迹众多，仅市区内耳熟能详的就有开封山陕甘会馆（图4-28）、大相国寺、开封

图4-28　开封山陕甘会馆

铁塔、延庆观等优秀历史遗留建筑，随着社会的发展，开封市开发了众多的传统旅游项目，如开封府、清明上河园、包公祠等。

豫东地区古建筑布局特点。在豫东地区，古建筑的布局特点独具特色，承载着丰富的历史文化和民俗风情。该地区包括开封市、商丘市和周口市等，这些地方的传统建筑风格各异，但都体现了人与自然和谐共生的理念（图4-29、图4-30）。

整体院落的布局特点主要体现在建筑群的整体规划上。豫东古建

图 4-29　开封双龙巷民居

图 4-30　商丘古城传统民居

筑群通常以主建筑为中心，向外辐射多个附属建筑，如厢房、门楼、庭院等。这种布局方式体现了家族的团结和尊卑有序的传统观念。同时，院落的绿化和景观设计也十分讲究，常常以花木、假山、池塘等元素构成优美的庭院景观，为居住者提供一个宜居的环境。

豫东地区个体建筑的平面布局特点主要体现在建筑的各个组成部分，如正厅、厢房、堂屋、门楼等的位置和功能。豫东地区的传统建筑多为土木结构，其正厅是家族中辈分最高、地位最高的人的居所，具有重要的象征意义。厢房则通常分配给其他家族成员或仆人使用。堂屋是家族祭祀的重要场所，体现了人们对祖先的敬仰和尊重。门楼以装饰和防御为主，既有美观的作用，也有保护家族安全的意义。

立面布局的特点主要表现在建筑物的外立面以及屋顶的各个部分。首先，豫东古建筑的层高通常适中，既保证了居住的舒适性，又符合当地的风俗习惯。其次，屋顶采用重檐形式，表现出一种华丽和高贵的气氛。屋檐的装饰丰富多样，常以彩绘、雕花、镂空等形式表现，给人以美的视觉享受。各种雕刻栩栩如生，如砖雕、木雕、石雕等，不仅增添了建筑的审美价值，也反映了当时的社会风貌和工艺水平。门窗形式也是古建筑立面布局的重要组成部分，既有传统的木质格窗，也有精致的琉璃门。它们既提供了采光和通风的需要，也体现了主人的社会地位和审美情趣。

除了建筑物的外立面和屋顶，建筑的墙体部分也值得关注。豫东古建筑的墙体通常采用土坯或砖石结构，具有较好的保温和防潮性能。在墙体的装饰方面，常采用磨砖对缝的工艺，使得墙体看起来整齐美观。此外，一些重要的建筑部分还会采用特殊的装修方式，如天花板、雕花墙面等，增加了建筑的艺术价值。

总体来说，豫东地区古建筑的布局特点体现在整体院落的规划、个体建筑的平面布局、立面布局以及建筑的艺术价值等方面。这些特点不仅反映了当地的历史文化和社会风俗，也体现了古人的智慧和创造力。

4.8 豫南地区传统建筑特点

豫南地区主要包括南阳市、驻马店市、信阳市。豫南的地形西高东低，西北有著名的伏牛山，自南阳市区以东多是平原地带，南阳市和信阳市南面与湖北省接壤。信阳市比较特殊，隶属于北方省份河南省，却算得上是一个南方城市，包括地理位置和气候条件。这一点和江苏省徐州市正好相反，江苏省是典型的南方省份，而徐州市却是一个非常典型的北方城市。

豫南地区位于河南豫中平原南部，南侧与湖北、安徽接壤。这个地区有着丰富的历史底蕴，孕育了众多优秀的国宝级古建筑。其中典型的代表是南阳社旗山陕会馆（图4-31），南阳卧龙岗（图4-32）、南阳府衙、内乡县衙，以及寺庙和民居，各具特色，无不透露出古人的智慧和匠心。

山陕会馆的影壁大气美观，琉璃瓦绚丽多彩，石雕最具特色。而其他建筑，如民居、寺庙等，则以木雕为主，图案刻画精美。无论是精致的木雕还是石雕，其内容均丰富多样，有

图4-31　南阳社旗山陕会馆

图 4-32　南阳卧龙岗

的反映历史故事，如琴棋书画；有的体现民俗风情，如农耕劳作；有的寓意吉祥如意，如龙凤呈祥。这些雕刻不仅增加了建筑的审美价值，也丰富了建筑的内涵，使古建筑具有了更深层次的意义。

那么，豫南古建筑的布局特点又是什么呢？其整体院落的布局多以中轴线对称分布，严谨而规整。建筑群内的各个单体建筑之间相互呼应，和谐统一。同时，古建筑的平面布局也颇具特色，以适应不同的功能需求。立面布局方面，豫南古建筑常采用硬山搁瓦顶，檐下施五踩重昂斗拱，显得古朴而庄重。

以邓颖超祖居（图 4-33）为例，其木雕与石雕精细美观，内容丰富。其他寺庙与民居的建筑特点也大致如此，不仅在布局、装饰上独具特色，更在建筑功能上充分考虑了实用性。例如，寺庙建筑常作为宗教活动场所，其平面布局多以大殿、配殿、山门等为主，严谨而有序。而民居建筑则更注重居住的舒适性，通过合理的空间布局和装饰设计，营造出和谐温馨的居住环境。

图 4-33　信阳光山县邓颖超祖居

豫南古建筑不仅具有美学价值，还承载了丰富的历史文化信息。它们是古人智慧的结晶，是地方历史、文化、民俗的载体。通过对这些古建筑的深入研究，人们可以更深入地了解地方历史、文化的发展脉络，为地方文化的传承和发展提供有力支持。

豫南地区古建筑布局特点总的来说是严谨规整、注重对称、和谐统一。其平面布局因地制宜，立面装饰丰富多彩，充分体现了古人的建筑智慧和艺术修养。在未来的发展中，人们应更加重视古建筑的保护和利用，让这些宝贵的文化遗产在传承中发扬光大。

4.9 豫西地区传统建筑特点

豫西是河南省的西部地区，西接陕西关中，东连中原，北临黄河。豫西地区一般包括洛阳市和三门峡市。三门峡市下辖的陕县（今陕州区）是陕西省简称为"陕"的主要原因。洛阳是我国八大古都之一，东周时期就在此定都，东汉光武帝刘秀平定群雄后也定都于此，三国的曹魏及之后的西晋、北魏都定都于此。到了隋朝唐朝，国都虽然定在长安，但隋炀帝迁都洛阳，唐朝把洛阳定为东都、神都，一代女皇武则天就在洛阳驾崩。

作为古都，洛阳拥有大量的人文景观，比如著名的龙门石窟、潞泽会馆、山陕会馆（图4-34）、府文庙、都城隍庙。洛阳同时还是我国著名的牡丹花城，尤其是近年开发的洛邑古城，带火了洛阳城唐装的盛况，一进入洛阳中心城区，就仿佛回到了大唐，看着周边往来游走的全是唐装汉服的美女，总感觉人在梦中不能醒来。再加上精美的古建筑点缀其间，造就了洛阳一直都是备受人们追捧的旅游胜地。

图4-34 洛阳市山陕会馆

4.9.1 豫西地区古建筑布局特点

豫西地区，即洛阳市和三门峡市所辖地区，拥有丰厚的历史建筑传承和底蕴。这里的古建筑，犹如一本活的历史，向人们诉说着这里曾经的辉煌和沧桑。在这些古建筑中，人们可以看到自宋《营造法式》的规范要求与等级划分以来，豫西地区的古建筑布局特点与立面造型特色逐渐凸显。一些传统庙宇和民居建筑，如安国寺、老君山古建筑群（图4-35）、函谷关等，无不彰显着这里的古建筑艺术之精湛。

图4-35　老君山古建筑

洛阳的会馆建筑石雕狮子柱础精美绝伦（图4-36），老君山道教建筑群规制严谨，气度不凡。而陕县地坑院（图4-37）的特殊做法，则不同于传统民居建筑形式，更增添了几分地方特色。

图4-36　洛阳潞泽会馆狮承栋梁柱础

从建筑屋面、瓦件、木结构、砖雕、石雕、木雕等各个方面，都可以看出古人对于建筑细节的精益求精。

总结豫西地区古建筑布局特点与立面造型特色，不得不让人佩服古人的智慧和技艺。他们巧妙地利用地形，在有限的土地上创造出别具一格的建筑形式。洛阳西部新安县和三门峡市很多地区与陕西交界，具有很多陕西的建筑特点，如地坑院。

图4-37　陕县地坑院

4.9.2 豫西建筑特色分析

1. 屋面

豫西古建筑多为硬山顶或悬山顶，屋顶铺以青瓦，层次分明，具有典型的北方建筑特征。屋面起伏有致，既保证了通风和采光，又体现了美学价值。瓦件（如滴水、脊吻）等雕刻精美，增添了建筑的生动性。

2. 木结构

古建筑的梁架结构多为穿斗式，屋面起伏有致，既保证了通风和采光，又体现了美学价值。梁坊间距较小，体现出当时建筑工艺的精湛。

3. 砖雕与石雕

砖雕与石雕是豫西古建筑布局中的重要特色，体现在院落门楼、墀头、牌楼等处，图案精美，寓意吉祥。豫西地区的古建筑砖雕和石雕题材丰富，内容多以吉祥图案、花鸟鱼虫为主，体现了古人对于美好生活的向往。柱础则是石雕中的精品，不同的柱础雕刻有不同的寓意，如狮子柱础代表了力量和威严，莲花柱础则象征着纯洁和高雅（图4-38）。

图4-38 三门峡市安国寺院落门砖雕

4. 布局与空间

豫西古建筑多以中轴线对称布局，主次分明，左右对称，体现出中国传统建筑的典型风格。同时，注重空间的处理，院落层次丰富，空间变化多样。

5. 木雕

豫西地区的古建筑木雕多见于门窗、梁枋等部位，雕刻内容以花鸟、瑞兽、人物为主，技艺精湛，栩栩如生。

豫西地区的古建筑不仅是历史的见证，更是古人智慧的结晶。在欣赏这些古建筑的同时，人们也应该保护好这些珍贵的文化遗产，让更多的人能够领略到古人的艺术魅力。

4.10 豫北地区传统建筑特点

豫北地区在传统意义上说，是河南地区黄河以北地区的总称，包括济源、焦作、新乡、鹤壁、濮阳和安阳等市。

豫北地区古建筑布局特点。豫北地区，即包括济源市、焦作市、新乡市、鹤壁市、安阳市和濮阳市在内的地区，地处太行山南端，其建筑特点与山西风格接近。这个地区有着众多具有影响力的古建筑遗存，如济渎庙、阳台宫、奉仙观、慈胜寺（图4-39）、嘉应观（图4-40）、望京楼、岳飞庙、修定寺塔、天宁寺（图4-41）等，这些古建筑不仅体现了豫北地区的历史文化底蕴，也反映了这一地区独特的建筑风格和技艺。

整体院落的布局特点主要是以严谨的对称性为主。在豫北地区的古建筑群中，可以看到

图4-39 济源市温县慈胜寺元代大殿

图4-40 焦作市武陟嘉应观

以中轴线左右两侧均衡的布局方式。这种布局方式不仅体现了古代建筑者的匠心独运，也反映了当时社会等级制度和家族规制的严谨。同时，院落的布局也充分考虑了采光、通风和防

图4-41　安阳天宁寺

御等因素，体现了古代建筑者的智慧和技艺。

个体建筑的平面布局特点也是非常讲究的。以单体建筑为中心，其周围配置着附属建筑，形成了有机的整体。建筑的平面布局通常以实用为主，兼顾美观。例如，一些官府建筑的平面布局多呈"回"字形，内设庭院，反映了当时的社会等级制度和功能需求。民居建筑的布局则相对自由一些，但仍然遵循着一定的生活规律和审美观念。

立面布局的特点也是非常丰富的。豫北地区的古建筑立面通常包括屋顶、墙体、柱子、门窗等部分。屋顶的层次感很强，由低到高，依次为台基、屋身、屋顶。屋檐的装饰非常丰富，有雕刻图案的冰盘檐等，体现了古代建筑者的精湛技艺。各种木雕、石雕、砖雕在立面装饰中也非常常见，形式多样，栩栩如生。门窗形式也多种多样，既满足了通风采光的需求，又增加了建筑的审美价值（图4-42）。

对于建筑层高，豫北地区的古建筑也有一定的规律可循。通常情况下，随着年代的推移，建筑的层高逐渐增高。这是因为人们生活水平的提高和建筑技术的进步

图4-42　济源市阳台宫雕龙石柱与木雕斗拱

都促进了建筑高度的增加。但是，过高的层高也会影响建筑的使用舒适度，因此在布局上也要注重合理性和实用性。

在屋檐装饰方面，豫北地区的古建筑也十分考究。屋顶的屋檐宽大舒展，既能遮阳挡雨，也增加了建筑的美观度。一些特殊的檐下装饰更是体现了古代匠人的独具匠心，如冰盘檐、博缝头、滴水等。这些装饰不仅增加了建筑的审美价值，也体现了古代建筑者的精湛技艺和审美观念。图4-43为鹤壁浚县古城。

图4-43　鹤壁浚县古城

综上所述，豫北地区古建筑的布局特点主要体现在整体院落的对称性布局、个体建筑的实用与美观并重、立面装饰的丰富多彩等方面。这些特点不仅体现了古代建筑者的匠心独运和精湛技艺，也反映了当时社会的等级制度和审美观念。

5 行走街巷

亳都—新象文化街区其实就是郑州亳都—新象现代都市文化商业街区的简称。亳都—新象文化街区,以历史文明为支脉,以传统街巷为平台,贯穿了3600年的历史与文化。

5.1 漫步街区

通过营造郑州传统建筑最具特色的院落部分,以及对地块周边文保遗存的敬让,如文庙、东城垣及玄武庙遗址等,内部融合现代都市人的生活方式,打造民宿、茶馆、酒吧及特色餐厅等,成功地利用建筑、历史典故、旧构件及非遗文化等具有历史情感的物质形态,向人们展示郑州的悠久历史与传统文化,使得现代商业和传统文化在此处多元共生(图5-1)。

图 5-1 亳都—新象文化街区鸟瞰效果图

街区的走向是南北通透的一个历史文化街区,从南广场开始,利用城墙遗址公园的开阔空间,结合文庙南门的广场组合成了一个宽阔、

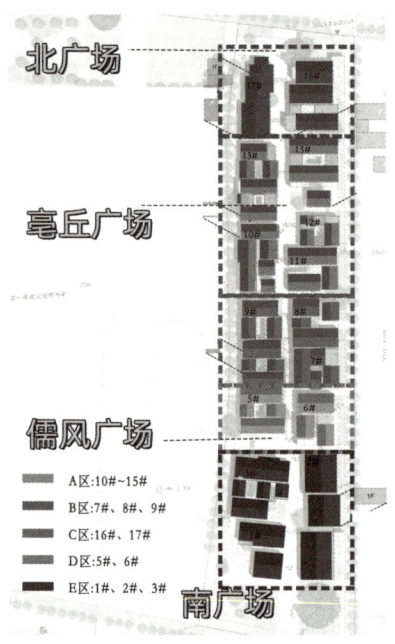

图 5-2　亳都—新象文化街区平面布局

具有深厚文化层次的公共驻足区域。主街入口以商城内出土的陶文和各种字体为基础，以"亳"的各种字体为主要设计元素在黄铜板上雕刻，并嵌入地面。通过直观的文字设计要素将游客引向主街，从而引入街区。同材质的跌水项目标识景观以及建筑上同样使用黄铜构成的传统建筑构件，共同打造出景观、建筑一体化的效果。图 5-2 为亳都—新象文化街区平面布局。

顺主街道往北行进，到儒风广场，这一段自然形成了文化街区的序幕。儒风广场以"水"作为广场的设计主题，在整体格局上与文庙主殿形成轴线对称。主题水景将玻璃层层叠叠形成叠水装置，水从顶部静静漫出，沿着玻璃装置缓缓流下，如儒学思想沁入人的心中一样润物无声。叠水装置前的铺地以竹简为原型，将儒学发源时期的典型文字载体抽象化。"竹简"铺地采用透光混凝土，点状的光斑仿佛文字浮现于竹简之上（图 5-3）。

图 5-3　儒风广场效果图

儒风广场继续向北，将到达第三个景观节点——亳丘广场（图5-4）。这个区域将作为整个街区一个驿站似的舒展空间，使得漫步街区的人们在逼仄的街巷中蓦然遇到一处比较开阔的文化空间。这个空

图5-4　亳丘广场

间的主要展示手段是将传统建筑滴水与板瓦作为设计要素，阵列成景墙，将小股水流从顶部流出，顺着滴水滴入收水槽之中，驻足静听，水滴声连绵不绝，从听觉、视觉、触觉上唤起游客对于传统建筑的记忆。

作为承托展示品的铜制滴水，则是由我们设计的几种千年传承的图案滴水组成的阵列，排列起来也能形成震撼的效果（图5-5）。

在街区建筑布局上，中原传统建筑讲究轴线对称、主次分明、层次清晰。无论是宫殿、庙宇还是民居，都遵循

图5-5　滴水景观

这一原则进行规划与设计。同时，这些建筑还善于运用各种装饰元素（如砖雕、木雕、石雕等）来美化空间、丰富视觉效果并寓意吉祥。

在这个文化街区建设中，设计者巧妙地将历史元素与传统建筑元素相结合，创造出了既具有历史感又不失现代气息的文化空间。这些文化街区不仅保留了大量的历史符号和建筑群中展示出的中原地区传统建筑的传承，同时在街区多处设置历史雕塑、绘制文化壁画等方式

来展现郑州的历史变迁和文化传承（图 5-6）。

图 5-6　亳都—新象文化街区效果

相较于前面的几个区域，北广场处理得相对简单，仅在地面铺装上做了一些处理，原因是从北广场往东继续衔接着文化中心的独体建筑和塔湾街区的文化区域。为了能更好地引入相关的文化氛围，就弱化了北广场的繁杂内容，但是仍然保留了精致的特点。

整个街区是一个立体的展示，除了刚才漫游的主街巷，其实还有很多的小巷值得探幽。例如，对饮台、听雨巷的清幽，玄武庙遗址的展示，文庙墙边精彩到可以打卡的垂花门，甚至小巷之间一个雕刻细致的拱券门……

为了增强游客的参与感和体验感，这些文化街区还设置了各种文化展示和体验活动，如传统手工艺制作表演、非物质文化遗产展示、历史文化讲座等，让游客在游览的过程中能够深入了解郑州的历史文化，并感受其独特的魅力。

5.2　守正创新

街区布局严谨，南北通透，街巷错落有致，形成了独特的空间感。我们精心设计了 15 个院落，这些院落分别以河南各地区著名的历史建筑为蓝本，每一个都有其独特的主题和纹样，呈现出一个集历史、文化、艺术于一体的街区。

建筑以中原传统民居为主，硬山结构为基调，同时融入当地的历史文化和传统元素，以打造具有地方特色的建筑风格。街区的建筑以传统硬山式建筑为主，外观古朴典雅，内部则结合了现代功能需求，配备了完善的设施和服务。街区的建筑风格与周围的自然景观和郑州文庙相得益彰，为大家提供了一个了解和体验当地文化的场所（图5-7）。

图5-7 创新的商业文化街区

此外，街区还注重绿化和景观设计，设置了绿化带和景观节点，使整个街区环境优美、舒适宜人。亳都—新象文化街区是一个集文化、商业、旅游于一体的综合性街区，在前期设计中完全按照河南当地的传统建筑特色，划分为4个板块15个院落。在设计过程中为了集中体现河南当地的传统文化，我们为这15个院落都梳理了不同的院落主题，15个主题虽然名称与形象各有千秋，但是仍然贯穿在中原历史文化中，既独立又统一。

5.3 院落布局

亳都—新象文化街区采用河南地区传统民居建筑院落布局，结合前期对周边传统民居的考察计划，考察了康百万、方顶村、崔寨民居等诸多古建筑与新建仿古民居建筑。这些建筑不仅体现了中原地区深厚的历史文化底蕴，更成为本次街区规划中的重要参考元素。我们在设计中采用南边通长的主街区为主轴线，沿主街区两侧设计三面或四面围合式的合院式布局。前面几个院落以单层传统建筑为主体，结合部分现代建筑形式，营造符合传统审美的商业环境。后面的院落以二层建筑为主，参照传统民居建筑中的楼宇围合式布局（图5-8）。

图5-8 亳都—新象文化街区的主街区

首先，院落是传统民居建筑的主要构成部分，它们既是居住的空间，又是人们的生活中心。这些院落按照一定的规则布局，形成了一个个独立的居住单元，同时也形成了整个建筑群落的层次感和空间感。在亳都历史文化街区中，这种院落布局特点得到了充分展现。

其次，街区的院落布局在符合商业使用的框架内，充分展示了传统建筑的布局与美感。院落的大小、形状、开窗方式等都体现了传统建筑的特点，同时考虑了商业使用的需求。例如，建筑进深与开间都结合了现代商业建筑的需要，采光功能与保温、通风等都以现代建筑的规范和标准来衡量。这样的布局既保证了商业活动的顺利进行，又充分展示了传统建筑的魅力。

5.4 如影相随的建筑文化

亳都—新象文化街区的设计理念,就是要在保持传统风貌的基础上融入现代元素,打造一个既有历史文化底蕴,又有现代气息的街区(图5-9)。我们通过精细的设计和施工,使得整个街区在统一中有变化,大同中有细节,给人一种古朴、自然、舒适的感觉。

图5-9 植入现代商业气息的传统民居建筑

亳都—新象文化街区的院落,采用单层三面或四面围合式的合院式布局。1# ~ 5#院屋面采用筒瓦屋面、山墙灰塑造型,前后一致的精美砖雕墀头将屋檐挑出。后面的院落以二层建筑为主,部分院落采用合瓦屋面,部分建筑铺设仰瓦屋面。1#院利用铝合金和铜材料代替木作,完成梁枋、雀替等构件。

在这个街区中,游客不仅可以欣赏到传统的建筑风格和装饰艺术,还可以感受到浓厚的文化氛围和历史气息。我们希望通过这样的设计,让更多的人了解和认识亳都的历史文化,传承和发扬中华传统文化。

总之,亳都—新象文化街区的建设不仅仅是一个简单的建筑改造项目,而是一个集历史、文化、艺术、建筑于一体的综合性工程。希望通过我们的努力,这个街区能成为展示亳都历史文化的重要窗口,吸引更多的人来了解、关注和保护我国的文化遗产。

5.4.1 瓦屋面特点

亳都—新象文化街区在建筑设计中，采用了传统民居建筑中常见的瓦屋面做法，以河南地区大多采用的仰瓦，也就是干槎瓦为主，配合做了几个合瓦与筒瓦屋面的院落，使得整个街区在统一中有变化，大同中有细节。

仰瓦是河南地区常见的传统瓦材之一，具有质朴、自然的特点，而且防雨效果好。我们在街区的建设中，将这种瓦材作为主要材料，以保持街区的传统风貌。同时，考虑到现代建筑技术的发展，还采用了新型的防水材料和施工工艺，以保证瓦屋面的安全性和耐久性。

除了瓦屋面，我们还对街区的建筑立面进行了细致的设计，采用了传统的白墙黛瓦的色彩搭配，使得街区的建筑既有古朴、自然的特色，又符合现代审美观念。在建筑装饰方面，我们也注重保留和修复原有的建筑构件，如砖雕、木雕等，以增加街区的文化内涵和历史感。

在街区的院落设计中，我们采用了合瓦和筒瓦屋面，这种屋面形式既有传统韵味，又具有现代美感。根据院落的形状和大小，合理安排屋面的坡度、方向和材料，使得每个院落都有其独特的韵味和美感。同时，注重院落的通风、采光和排水等实用性设计，以保证院落的使用舒适度。

5.4.2 建筑形制

整个亳都东巷文化中心街区建筑以硬山结构为主体，这种结构形式源自中国古代建筑的传统，其特点是采用坚固的横梁和立柱支撑整个建筑，从而形成稳固的框架。

5.4.3 屋面形式

在这座建筑中，屋面采用了合瓦屋面、筒瓦屋面和仰瓦屋面的组合形式。

1. 合瓦屋面

合瓦在北方地区又叫阴阳瓦，在南方地区叫蝴蝶瓦或小青瓦。合瓦屋面的特点是，盖瓦也使用板瓦，底、盖瓦按一反一正（即一阴一阳）排列。合瓦屋面主要见于小式建筑及华北等地的民宅，大式建筑不用合瓦（图5-10）。在这些地区，只要看屋面是合瓦还是筒瓦，就知道是民房还是庙宇（或王府）。江南地区除民宅以外，庙宇也有用蝴蝶瓦（小青瓦屋面）的，包括铺灰与不铺灰两种做法。不铺灰者，是将底瓦直接摆在木椽上，然后再把盖瓦直接摆放在底瓦垄间，其间不放任何灰泥。

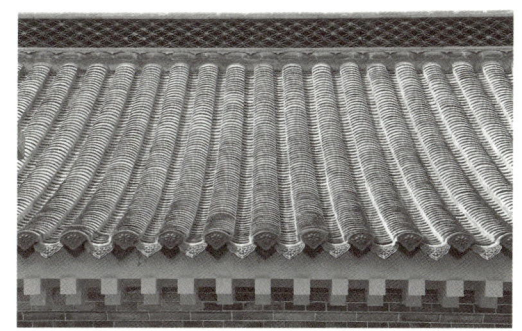

图5-10 合瓦屋面

2. 筒瓦屋面

筒瓦屋面是用弧形片状的板瓦做底瓦，半圆形的筒瓦做盖瓦的瓦面做法（图5-11）。筒瓦屋面用于宫殿、庙宇、王府等大式建筑，以及牌楼、亭子、游廊等。小式建筑不得使用3号以上的筒瓦。民宅中的影壁、小型门楼、看面墙、廊子、垂花门等虽然也使用筒瓦，但仅限于10号筒瓦。山西、陕西等地的民居在明清时期远离政治中心，很多地区则不受此限制。

筒瓦屋面的传统做法是，要用灰把底瓦垄与盖瓦垄之间抹严，叫作"夹"。还要用灰把每块筒瓦的接缝处用灰勾

图5-11 筒瓦屋面

严，叫作"捉节"，合称"捉节夹垄"。筒瓦表面不再裹抹灰浆。20世纪80年代初出现了"裹垄"做法，即在筒瓦的外表面用灰裹成筒状。"裹垄"做法最初只是作为一种修缮手段，不用于新瓦屋面。这种做法不如"捉节夹垄"后的瓦垄清秀，但可以弥补由于筒瓦的质量造成瓦垄不顺的缺点。介于两者之间的做法叫"半提半裹"，这种做法既能弥补某些筒瓦的参差不齐，又能保持"捉节夹垄"做法的风格。清代中期以前，筒瓦的做法较简单，一是睁眼（盖瓦与底瓦的距离）较小，二是不夹垄，用瓦刀直接将盖瓦泥顺瓦翅切齐。

3. 仰瓦屋面

在本项目中，仰瓦屋面也被称作干槎瓦屋面（图5-12）。

图5-12 仰瓦屋面

干槎瓦的特点是没有瓦盖，瓦垄间也不用灰梗遮挡。瓦垄与瓦垄巧妙地编在一起。干槎瓦屋面的正脊和垂脊一般不做复杂的脊件。这种屋面体轻、省料、不易生草，防水性能好。只要木架不变形，泥背不塌陷，就不易漏雨。干槎瓦技术是世界上独一无二的不用盖瓦的屋面技术，最能体现中国古代工匠的聪明才智。这种技术由山西的能工巧匠发明，时间不晚于清乾隆年间。清中期以后，由山西流传至河南大部分地区、陕西部分地区、甘肃部分地区、河北部分地区、山东部分地区以及北京周边部分地区。

综上所述，亳都东巷街区的屋面结构主要以合瓦屋面、筒瓦屋面和仰瓦屋面为主，这些屋面结构各具特色，适用于不同类型的建筑，展现了豫中地区丰富多样的建筑文化。

6 院落也有名字

河南位于我国中东部、黄河中下游,古称中原、中州、豫州。因大部分地区位于黄河以南,故称河南。河南历史文化悠久,是世界华人宗祖之根、华夏历史文明之源。中华民族的人文始祖黄帝诞生于此,中华文明的起源、文字的发明、城市的形成和统一国家的建立,都与河南有着密不可分的关系。境内文物古迹众多,有世界遗产丝绸之路、中国大运河、殷墟和登封"天地之中"等历史古迹,有"人祖"伏羲太昊陵庙、黄帝故里等,有历史上最早的关隘、最早的石阙遗存、最早的佛教寺院白马寺等。

6.1 院落布局

亳都—新象文化街区院落名称与布局如图 6-1 所示。

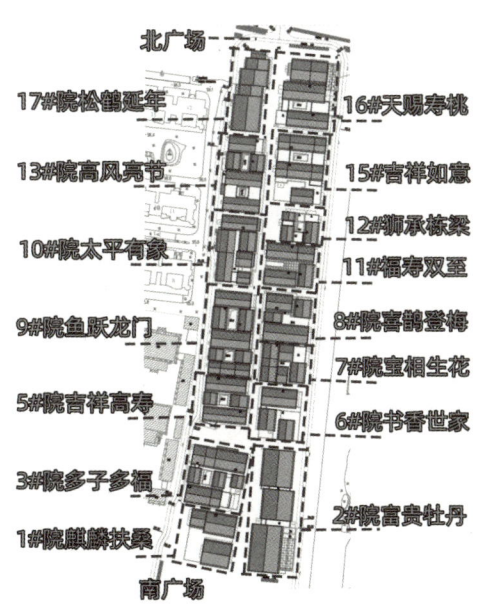

图 6-1 亳都—新象文化街区院落名称与布局

83

6.2 各院落详解

为此我们从河南 18 个地市中找出最具代表性的明清古建筑，并从众多传统建筑中提取最具中原文化特色的题材作为每个院落的文化主题来源。

6.2.1　1# 院主题：麒麟扶桑

该主题的设计灵感来源于三门峡陕县的安国寺。在中华传统文化中，麒麟是一种神秘而祥瑞的动物，被视为吉祥和幸福的象征。相传麒麟身上有龙的鳞片、狮的爪子、牛的身体和鹿的尾巴。在中国古代神话故事中，麒麟是一种神兽，能预测未来并保卫国家。人们相信麒麟扶桑带来了美好的前景和美好的未来，也就是说，麒麟扶桑是一种美好的象征（图 6-2）。

图 6-2　1# 院外立面图

1# 院使用了很多与麒麟相关的纹样元素，分别分布在柱础、墀头、木雕等位置，使得整个建筑环境充满了祥和吉瑞的意境（图 6-3）。

与麒麟相关的词语有：麒麟献瑞、凤毛麟角、凤鸣麟出，象征着至高无上的尊贵和吉祥如意。

图 6-3　1# 院木雕

6.2.2 2#院主题：富贵牡丹

该主题的设计灵感来源于周口市，周口市古为宛丘，有着6000多年的灿烂文明史，是中华民族文明的重要发祥地之一，人文始祖伏羲氏的太昊陵庙就在其间。当然周口市最亮丽的古建筑是关帝庙，关帝庙里木雕、石雕与砖雕因其雕工细腻、构图繁复和取材广泛而号称"三绝"。牡丹，是中国自古以来的名贵花卉之一，被誉为"花中之王"，代表着繁荣、富贵和昌盛，也是周口关帝庙雕琢最多、水平最高的雕刻作品（图6-4）。

图6-4 周口关帝庙戏楼雕刻的牡丹

富贵和圆满：牡丹花色艳丽丰满，象征着财富和地位的积累，以及生活的美满和幸福。这种寓意在国画牡丹中尤为丰富，被认为是富贵和圆满的象征。

繁荣昌盛：牡丹花的盛开和繁茂，代表着国家的繁荣发展和民族的昌盛，具有祈求国家繁荣的美好寓意。

吉祥如意：牡丹花寓意着吉祥和好运，可以给人们带来美好的运气和幸福的生活。

在中国文化中，牡丹被视为吉祥和幸福的象征，常被用来寓意富贵吉祥、荣华富贵、富丽堂皇。

6.2.3 3#院主题：多子多福

该主题的设计灵感来源于南阳社旗山陕会馆（图6-5）。石榴，作为一种古老而珍贵的果实，在中华传统文化中具有特殊的象征意义。石榴寓意着多子多福、团圆幸福、富贵吉祥，常被用来祈求家庭和谐、事业成功、财源广进。石榴还被认为是象征长寿和不朽的符号，因为它的果实内含有许多颗籽，象征着生命的延续与繁荣。

图 6-5　南阳社旗山陕会馆正殿

子孙满堂：石榴花象征着家族的繁荣和子孙的昌盛，因为石榴是多籽的果实，古人常将其视为生殖繁衍、子孙昌盛的象征物。

红红火火：石榴花也代表着成熟和美丽，其鲜艳如火红色的花朵，象征着生活中红红火火的美好景象。

富贵：石榴花的花朵姿态美丽，花色艳丽，鲜红的花朵能表示好运，深受人们的喜爱，也象征着富贵。

民族团结：中华民族要像石榴籽一样紧紧抱在一起。

南阳社旗山陕会馆内有大量精美的石雕，其中石刻栏杆的望柱头（古建筑用语，栏杆中间的立柱称为望柱，立柱上面的柱头称为望柱头）有部分是石榴造型，这个造型的望柱头至今保留完好的比较少一些，且石榴的雕刻故意剥了部分石榴皮，露出饱满的石榴籽，非常有特点。而墀头为了迎合多子多福的寓意，正面雕刻狮子，代表事事如意；侧边雕刻佛手，也预示着多福多贵；宝相花与莲花瓣作为衬托图案，代表吉祥如意（图 6-6）。

图 6-6　山陕会馆石榴望柱与墀头

6.2.4 5#院主题：吉祥高寿

该主题的设计灵感来源于郑州任家老宅（图6-7）。菊花，作为中国十大名花之一，自古以来就受到人们的喜爱和推崇。菊花在中华文化中象征着高雅、坚贞和清净，常被用来寓意高洁、坚强和纯洁。同时，菊花也因其坚韧的品性和不畏严寒的特点而被赋予了象征坚韧不拔、永不屈服的寓意。自陶渊明开始就赋予菊花坚韧不拔、孤傲冰清的气节，所以它有"花中四君子"的美称。九九重阳与菊花九月盛开相叠，有着吉祥高寿的寓意。图6-8为亳都—新象文化街区采用的梁头与荷叶墩木雕。

(a) 门楼菊花雕刻

(b) 门扇绦环板

图6-7 郑州任家老宅菊花雕刻

图6-8 亳都—新象文化街区采用的梁头与荷叶墩木雕

6.2.5 6#院主题：书香世家

该主题的设计灵感来源于安阳市韩王庙与昼锦堂。昼锦堂内放置着"四绝碑"，此碑由北宋大文学家、副宰相欧阳修撰文，记述三朝名相韩琦之事迹，端明殿大学士礼部侍郎、大书法家蔡襄书丹，刑部郎中知制诰邵必篆刻，世称"三绝碑"。碑阴为北宋政治家、文学家司马光撰文的《北京韩魏公祠堂记》，因此也称为"四绝碑"。而书香，则是指文化和知识的象征，代表了学术、智慧和传统文化的积淀。因此，将院落命名为书香世家院，寓意着这里是一个尊崇知识、崇尚学术的地方，也象征着家庭中代代相传的文化传统和家族的学识渊博。在这个院落中，人们可以感受到书香气息的弥漫，领略到中华传统文化的博大精深，也体味到家族文化的传承与发展。图6-9 为墀头雕刻作品与设计稿。

图 6-9　墀头雕刻作品与设计稿

上段画：志存高远，锦绣前程。

下段书：诗书传家，才高八斗。

书香世家之所以能将家族的血脉世代传承下去，原因有万千，但有一点是相同的——都将读书作为陶冶性情、培育家风的文化密码。

6.2.6　7# 院主题：宝相生花

该主题的设计灵感来源于比干庙，呈现了新乡悠久的历史文化传承。而"宝相花"这个名称则蕴含着深刻的意义。在佛教中，"宝相"指的是佛陀的圣相、神态或佛像的形象，代表着佛教的神圣和崇高。而"花"则象征着生机和美好。将院落命名为宝相花院，不仅是为了彰显其建筑设计的庄严与神圣，更是寓意着对佛教文化的尊崇和对生命之美的赞颂。同时，宝相花花朵众多，寓意着喜庆和吉祥，通常被视为吉祥、如意、富贵和纯洁的象征（图6-10）。

图 6-10　7# 院外立面图

比干庙是一座具有丰富历史和文化价值的古建筑群，位于河南省新乡市卫辉市比干庙村，始建于北魏太和十八年（494 年），是以比干墓为基础建立的庙墓合一的建筑群。整个庙宇的主体建筑由神道、照壁、山门、二门、碑廊、木坊、配殿、大殿等组成，总建筑面积达 4.7 万平方米。庙内保存着很多具有重要价值的文物古迹，其书法、雕刻、建筑风格都有很高的品位和历史价值。

我们参考的具有文物价值的墀头图案正面麒麟，神兽送福，避邪去灾；侧面宝相花，吉祥如意，富贵绵长。图 6-11 为 7# 院墀头设计稿与参考原型。

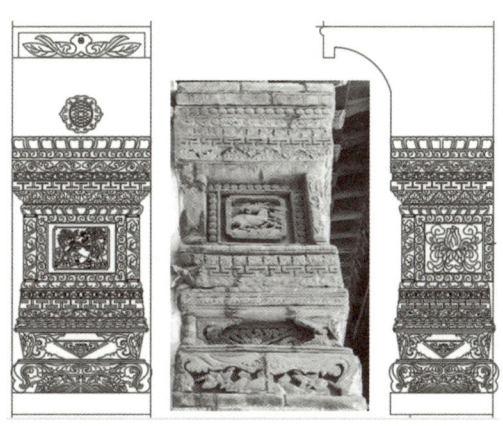

图 6-11　7# 院墀头设计稿与参考原型

6.2.7　8# 院主题：喜鹊登梅

该主题的设计灵感来源于焦作市寨卜昌村古建筑群。梅花在中华文化中具有深远的象征意义。梅花被誉为"花中贵族"，在中华传统文化中常被视为品格高尚、坚韧不拔的象征。梅花具有傲雪凌霜、怒放寒冬的品质，寓意着不畏艰难、不屈不挠的精神。图 6-12 为喜鹊登梅内容的挂落设计稿。

梅花的象征意义：坚韧不拔、坚强不屈、不愿与世俗同流、不争名求利、高风亮节。自古以来，梅花都是历代文人墨客的心头好，是"岁寒三友"之一，也是"四君子"之一。

图 6-12　喜鹊登梅内容的挂落设计稿

喜鹊与梅花的寓意主要包括吉祥、喜庆、好运的到来，以及喜上眉梢的美好祝福。

盘头雕刻的梅花苍劲，形态美观，花姿傲然，寓意着气节高雅、家庭和美（图 6-13）。

图 6-13　梅花盘头雕花板

6.2.8　9# 院主题：鱼跃龙门

鲤鱼院被命名为鲤鱼院，是因为它的设计灵感源自南阳卧龙岗的清代鱼跃龙门砖雕影壁（图 6-14）。鲤鱼在中国文化中象征着吉祥、好运与团聚，被视为幸福与富贵的象征，常常与团圆的美好愿望联系在一起。因此，将院落命名为鲤鱼院，不仅是为了展示建筑设计的高雅与祥和，更寓意着对游客幸福团圆的美好祝愿和期盼。

北宋早期，李昉等人在撰写《太平广记》一书时，详细记载了"鲤鱼跳龙门"故事的由来："龙门山在河东界，禹凿山断门一里余，黄河自中流下，两岸不通车马。每岁季春，有黄鲤鱼自海及诸川，争来赴之，一岁中登龙门者不过七十二；初登龙门，即有云雨随之，天火自后烧其尾，乃化为龙矣。"

在中华传统文化中，"鱼跃龙门"常被用来象征逆流前进、奋发向上的精神。图 6-15 为亳都—新象文化街区采用的砖雕与木雕。

图 6-14 南阳卧龙岗鱼跃龙门影壁

(a) 砖雕墀头

(b) 栏杆栏板

(c) 木雕梁头

图 6-15 亳都—新象文化街区采用的砖雕与木雕

6.2.9　10# 院主题：太平有象

之所以被命名为大象院，是因为其设计灵感源自开封市大相国寺，展现了开封悠久的历史文化底蕴。"大象"这一名称蕴含着深远的寓意。在中华传统文化中，大象象征着力量、智慧和长寿，常被视

图 6-16　10# 院外立面额枋木雕图案

为祥瑞之兆。同时，大相国寺是中国著名的佛教寺院，佛教中的象征意义更加凸显。图 6-16 为 10# 院外立面额枋木雕图案。

太平有象是中国传统吉祥纹样，象，瑞兽，厚重稳行，能驮宝瓶，故有"太平有象""喜象升平"之说，寓意河清海晏、民康物阜。陆游曾赋诗曰："太平有象无人识，南陌东阡捣粬香"，象已然成为吉祥、喜庆的祥瑞象征。历代帝王皆以铜、玉、瓷等材质御制"太平有象"器型，或陈于厅堂之中，或置于案台之上，以求"四海升平、吉祥平安"之福瑞。一元复始，万象更新。

在传统文化中，太平有象是喜象升平、民康物阜的象征，这恰恰契合了中华民族向往平安、吉祥、共同繁荣的理念。大象头顶如意云纹，鼻挽精巧的活环，都源自传统的吉祥文化，象征圆满如意。所以，太平有象就是天下太平、五谷丰登的意思。图 6-17 为中原传统建筑吉象柱础原型与亳都—新象文化街区采用的柱础造型。

图 6-17　中原传统建筑吉象柱础原型与亳都—新象文化街区采用的柱础造型

6.2.10　11# 院主题：福寿双至

该主题的设计灵感来源于漯河市北舞渡镇山陕会馆，体现了中华文化中对福禄寿三星的崇尚，具有祈福之意。"福""禄""寿"分别代表着幸福、富贵、长寿，在中华传统文化中具有重要寓意。

首先，它可以表达对好运气和幸运之人的羡慕或崇拜之情。其次，它可以被视为吉祥和平安的标志，使人联想到其所带来的喜悦与福祉。

中国传统的雕刻图案蝙蝠代表"福",寿桃或者仙鹤代表"寿",现场使用的构件上都有这样的体现。例如,石雕柱础上的石鼓中间图案雕刻的是莲花,代表和美的生活,两侧雕刻寿字,石鼓上的鼓钉代表多子;下面4个承托石鼓的狮子代表(狮狮)事事如意或者四(狮)世同堂;底座的三角包袱代表"包福"(图6-18)。

福禄寿三星被视为吉祥的象征,人们常常祈求福禄寿三星的庇佑,期盼家庭兴旺、事业蒸蒸日上、福寿绵长、健康长寿。

图 6-18　亳都—新象文化街区采用的石雕柱础与砖雕墀头

6.2.11　12# 院主题:狮承栋梁

该主题的设计灵感来源于洛阳民俗博物馆(洛阳潞泽会馆)。在中华传统文化中,狮子被视为勇猛、威武和护卫之神。狮子常常被雕刻在建筑物上,或被雕刻成石像摆放在门前,用以辟邪驱凶、保护居住者的平安(图6-19)。

图 6-19　洛阳民俗博物馆

狮子是智慧和力量的化身，它寓意和象征着尊严、平安、繁荣、威严和勇敢。

图 6-20　洛阳民俗博物馆门前狮子柱础

狮承栋梁比喻能担负重任的人，不仅体现了对个人未来成就的期许，也寄托了对社会责任的承担，代表具有勇气、担当和一定的成就。图 6-20 为洛阳民俗博物馆门前狮子柱础。

6.2.12　13# 院主题：高风亮节

该主题的设计灵感源自济源市奉仙观山门木作（图 6-21）。荷花是中华传统文化中的重要象征之一，被誉为"花中君子"，象征着纯洁、高雅和坚强。

荷花是中国最传统的花卉纹样，具有如下寓意。

图 6-21　河南济源市奉仙观侧门

纯洁：荷花出淤泥而不染，洁身自好，是纯洁、清白的象征。

高洁：荷花濯清涟而不妖，不随波逐流，是高洁、脱俗的象征。

吉祥：荷花又名莲花，"莲"与"连"谐音，寓意连年有余、吉祥如意。

古代传统建筑中，荷花图案随处可见，它濯清涟而不妖，不随波逐流，是高洁、脱俗的象征。荷花常被种植在庭院内，象征着神圣与祥和。荷花因其谐音在中华传统文化中常被用作和平、和谐、合作、协同、团结、联合的象征。图 6-22 为亳都—新象文化街区墀头砖雕荷花。

6.2.13　15# 院主题：吉祥如意

如意的设计灵感来源于商丘市侯氏故居（又称侯恂故居），是一座一宅三院的四合院式明清建筑群，在商丘古城里是一处充满生活气息的历史遗迹。这里曾是侯恂和侯方域的居所，也是他们吟诗作赋、研究文学的场所。这座建筑群三雕作品随处可见，如意图案在这个建筑中也经常出现。

"如意"在中华传统文化中象征着顺心如意、一帆风顺的意境。如意是一种古代玉器，通常呈现为一种弯曲的形态，寓意着顺利和幸福。侯氏故居作为中国传统建筑的代表之一，承载着丰富的历史文化内涵。图 6-23 为亳都—新象文化街区中的如意图案。

图 6-22　亳都—新象文化街区墀头砖雕荷花

图 6-23　亳都—新象文化街区中的如意图案

如意代表着万事亨通、如愿以偿、心想事成、尽如人意，这些表达都指向了吉祥如意的基本含义，即希望一切都能顺利，愿望能够达成。

权力与尊贵：在古代，如意常被作为帝王和贵族的配饰或赠品，象征着权力和尊贵的地位。

美好的祝愿：如意的造型多样，常常以云彩、灵芝、莲花等为题材，寓意着吉祥、长寿、福气等美好的祝愿。

和谐与平衡：如意的设计通常体现了对称和平衡的原则，象征着和谐与平衡的状态。

6.2.14　16# 院主题：天赐寿桃

图 6-24　河南信阳邓颖超祖居

该主题的设计灵感来源于信阳市邓颖超祖居（图 6-24）。寿桃在中华传统文化中具有丰富的象征意义。

寿桃一般指蟠桃，是中华传统文化中的一种具有丰富寓意和象征意义的水果。在道教中，寿桃是王母娘娘赐予神仙的食物，象征着长寿和健康。在民间信仰中，人们认为吃寿桃可以延年益寿，从而家庭幸福和健康美满。

寿桃是中华传统文化中常见的吉祥符号，寓意着长寿、健康和幸福。在中国民间传说中，桃子象征着长生不老的神奇果实，常被用来祈求长寿和幸福。因此，将院落命名为天赐寿桃院，不仅是为了彰显其建筑设计的庄严与祥和，更是希望每一位游客在此能够感受到长寿、健康和幸福的氛围，体味到生命的美好与滋润。这个名字既展现了建筑所蕴含的文化内涵，也象征着人类健康长寿的美好祝愿和期盼。图 6-25 为砖雕寿桃盘头，图 6-26 为木雕寿桃荷叶墩与挑尖梁头。

6.2.15　17# 院主题：松鹤延年

仙鹤院之所以被命名为仙鹤院，是因为其设计灵感来源于鹤壁市浚县浮丘山碧霞宫（图 6-27）。仙鹤在中华传统文化中具有深厚的象征意义。仙鹤是中华传统文化中常见的吉祥物之一，被视为祥瑞的象征，象征着长寿、吉祥和幸福。在中国古代传说中，仙鹤常被认为是神仙的坐骑，拥有超凡的力量和神秘的气质。碧霞宫作为中国古代的宗教建筑，承载了丰富的历史文化内涵。

松鹤延年是一种寓意，它的来源可以追溯到中国古代的传说故事。相传，在古时候，有一只凤凰和一只鹤在一棵大松树上结为伴侣。这棵大松树因此被称为松鹤延年树。

因此，将院落命名为松鹤延年院，不仅是为了彰显其建筑设计的高雅与祥和，更是希望每一位游客在此能够感受到仙鹤般的祥和与祝福，享受到生活的美好与幸福。这个名字既展现了建筑所蕴含的文化内涵，也象征着对游客吉祥幸福的美好祝愿和期盼。图6-28为碧霞宫木雕与现场铜雕仙鹤构件。

图 6-25 砖雕寿桃盘头

图 6-26 木雕寿桃荷叶墩与挑尖梁头

图 6-27 鹤壁市浚县浮丘山碧霞宫山门

图 6-28 碧霞宫木雕与现场铜雕仙鹤构件

6.3 独特的建筑形态

亳都—新象文化街区的设计理念,就是要在保持传统风貌的基础上融入现代元素,从而打造一个既有历史文化底蕴,又有现代气息的街区。我们通过精细的设计和施工,使得整个街区在统一中有变化,大同中有细节,给人一种古朴、自然、舒适的感觉。

亳都—新象文化街区的院落,采用单层三面或四面围合式的合院式布局。1# ~ 5#屋面采用筒瓦屋面、山墙灰塑造型,前后一致的精美砖雕墀头将屋檐挑出;后面的院落以二层建筑为主,部分院落采用合瓦屋面,部分建筑铺设仰瓦屋面;比较特殊的2#院、12#院与17#院利用铝合金和铜材料代替木作,完成梁枋、雀替等构件。图6-29为用材丰富的街区美景。

图6-29 用材丰富的街区美景

在这个街区中,游客不仅可以欣赏到传统的建筑风格和装饰艺术,还可以感受到浓厚的文化氛围和历史气息。我们希望通过这样的设计,让更多的人了解和认识亳都的历史文化,传承和发扬中华的优秀传统文化。

总之,亳都—新象文化街区的建设不仅仅是一个简单的建筑改造项目,而是一个集历史、文化、艺术、建筑于一体的综合性工程。希望通过我们的努力,这个街区能成为展示亳都历史文化的重要窗口,吸引更多的人来了解、关注和保护我国的文化遗产。

7　好看的墙面

黄河中游一带在历史上气候暖湿，森林茂密，地面又覆有厚重的黄土。如此自然和地质条件，孕育了地穴、半地穴、地上木构的建筑形式，木材也成为中国自古以来的主流建造材料。各地在沿用木结构建筑支撑体系的同时，围护墙体就地取材、不拘一格。西南地区常用竹编夹泥墙，东北地区习用谷草拉哈墙，西北地区取生土砌筑土坯墙，中原地区以黏土烧制青砖墙。

郑州的文化街区在规划与建设中，充分融合了中原传统建筑的特点。中原传统建筑以其独特的风格、精湛的技艺和深厚的文化底蕴而闻名于世。这些建筑大多采用木构架结构，以青砖灰瓦为主要建筑材料，注重与周围环境的和谐共生，体现了"天人合一"的哲学思想。

7.1　屋脊

传统屋脊一般分为正脊和垂脊（图7-1）。

中原地区传统民居建筑的正脊，是一个极具特色的部分，它不仅代表了当地建筑文化的独特性，更反映了民间工匠们对于美好生活的向往和追求。在众多的

图7-1　墙面与屋脊关系图

传统民居建筑中，可以看到各种各样的正脊形式，而这些正脊大多采用镂空或实脊的花脊（图7-2），这可以说是中原地区民居建筑的一大

图 7-2　屋脊泥坯图案

图 7-3　郑州新密传统民居上的花脊

特色。

与南方地区的清水脊、哺鸡脊、蝎尾脊不同，中原地区的正脊做法更具有地方特色。它们大多采用小筒瓦与青砖的组合，通过精湛的工艺技术，做成各种花卉与龙凤图案的实脊或形成各种独特的镂空花脊，如银锭、金钱、鱼鳞等。这些花脊不仅美观大方，而且还有着丰富的文化内涵，寄托着人们对美好生活的向往和追求（图 7-3）。

在正脊的装饰上，工匠们更是发挥出了无穷的创意和想象力。他们通过镂空雕刻、镶嵌彩绘等方式，将各种吉祥图案融入其中，如龙凤呈祥、鸳鸯戏水、鹿鹤同春等。这些图案不仅寓意吉祥如意，还体现了人们对幸福生活的追求和渴望。

然而，正脊的装饰并非简单堆砌和拼凑，而是通过精心设计、合理布局，形成一种独特的艺术风格和美感。在正脊的起伏转折之间，可以看到工匠们对于建筑结构的深刻理解和巧妙运用，使得正脊与建筑主体相得益彰，形成了一道道亮丽的风景线。

除了美观大方，正脊还有着重要的实用价值。在中原地区的气候条件下，正脊不仅可以起到保温、隔热的作用，还可以防止屋檐滴水对墙体造成侵蚀。同时，正脊还具有一定的风水意义，被视为房屋的"龙脉"，对房屋的整体风水有着重要的影响。

总体来说，中原地区传统民居建筑的正脊，是一种集美观、实用、文化于一体的建筑元素。它不仅体现了当地建筑文化的独特性，更反映了民间工匠们的智慧和创造力。在现代社会中，人们应该保护和传承这些优秀的传统文化，让它们在新的历史条件下焕发新的生命力。

7.2 脊兽

脊兽是中国古代汉族建筑屋顶的屋脊上所安放的兽件。它们按类别分为脊兽、跑兽、垂兽、仙人及鸱吻，合称"脊兽"。其中，正脊上安放吻兽或望兽，垂脊上安放垂兽，戗脊上安放戗兽，屋脊边缘处安放仙人走兽。汉族古建筑上的跑兽一般最多为9个，分布在房屋两端的分散戗脊上，达到9个的古建筑就可以称得上是最高等级的古建筑了。唯一的例外是，北京故宫太和殿4个角上最多有10个，由下至上的顺序依次是：龙、凤、狮子、天马、海马、狻猊、狎鱼、獬豸、斗牛、行什（图7-4）。行什就是特殊的那个，别的建筑物都没有。

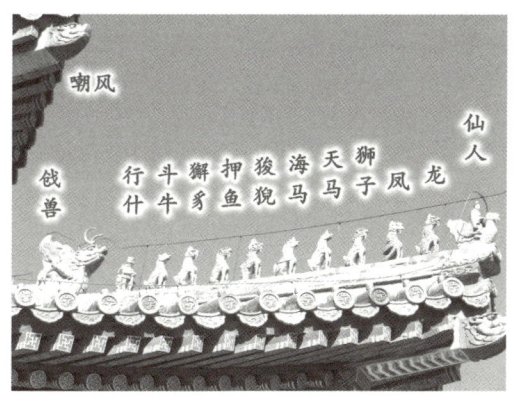

图7-4 故宫太和殿屋顶上的脊兽

脊兽由瓦制成，高级的汉族建筑多用琉璃瓦，其功能最初是为了保护木栓和铁钉，防止漏水和生锈，对脊的连接部起固定和支撑作用。后来脊兽发展出了装饰功能，并有严格的等级意义，不同等级的汉族建筑所安放的脊兽数量和形式都有严格限制。

中国古建筑大都为土木结构，屋脊是由木材上覆盖瓦片构成的。檐角最前端的瓦片因处于最前沿的位置，要承受上端整条垂脊的瓦片向下的一个"推力"，但如果毫无保护措施也易被大风吹落。因此，人们用瓦钉来固定住檐角最前端的瓦片，在对钉帽的美化过程中逐渐形成了各种动物形象，在实用功能之外进一步被赋予了装饰和标示等

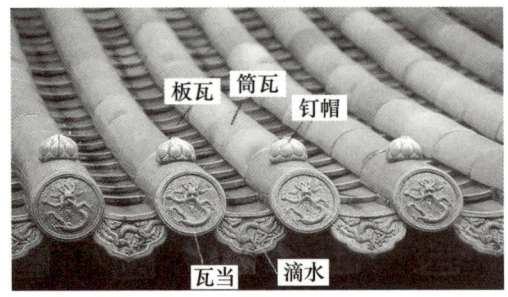

图 7-5　宫殿建筑屋顶上莲花状钉帽

图 7-6　焦作市桶张老君庙屋顶上道人状钉帽

级的作用（图 7-5、图 7-6）。

古代的汉族宫殿建筑多为木质结构，易燃，因此檐角上使用了传说能避火的小动物。这些美观实用的小兽端坐檐角，为汉族古建筑增添了美感，使汉族古建筑更加雄伟壮观，富丽堂皇，充满艺术魅力。梁思成评价道："使本来极无趣笨拙的实际部分，成为整个建筑物美丽的冠冕。"唐宋时，还只有一枚脊兽，以后逐渐增加了数目不等的蹲兽，到了清代形成了今天常见的"仙人骑凤"领头的小动物队列形态。宫殿垂脊兽的装饰，是有严格等级区别的，只有金銮殿顶上的垂脊兽十样俱全。中和殿及保和殿才只有九样，其他宫殿的垂脊上虽然也有走兽，但是都要按级递减。

河南古建筑屋顶上脊兽的特点，与传统的北方官式建筑脊兽有所不同。这主要是因为河南地区长期受北方少数民族统治，因此这里的脊兽具有鲜明的辽金元等特色。在河南古建筑中，人们可以发现，古代民居建筑的正脊脊兽多采用垂兽，而非脊吻。这与北方官式建筑有所不同，北方官式建筑的脊吻多用于显示等级与权威。

在河南古建筑中，垂脊上的脊兽非常丰富。这些脊兽以人物形象和跑狮形象出现较多，如跑动的孩童、嬉笑的仙人、造型丰满的狮子等，这些形象寓意着吉祥如意、长寿安康。

开封延庆观玉皇阁屋顶上有独特的蒙古武士和文官人物（图 7-7），无独有偶，在郑州城隍庙里也有一些特殊的屋顶构件。郑州城隍庙进山门后，还有一道仪门，仪门后面就是戏楼，这个戏楼初建于明初，根据史料记载在清代修缮了几次，但是基本风貌没有太大变化，在戏楼的戏台屋檐的角上是清代正常的仙人与跑兽，但是在主屋脊的4个戗脊上有很大的不同，如图7-8所示。

图7-7 开封延庆观屋顶上的文官与武将形象

在这之后的城隍庙主殿屋顶上也有部分变化，正脊与垂脊的连接处通常会有一些拉链力士或动物作为联结，这些联结起着固定和连接

图7-8 郑州城隍庙戏楼戗脊的文官

的作用，同时也增加了建筑的生动性和趣味性。仔细观察可看到正脊脊刹连接了东西南北4根铁链，其中东西向的铁链连接在正脊上，南北向的铁链连接在屋面小兽上，按民间的说法，这叫"牵兽"，这种构造方式，既体现了古代匠人们的智慧和技艺，也反映了当时人们对于美好生活的向往和追求。图7-9为亳都—新象文化街区采用的脊兽与垂兽尺度比例，图7-10为12#院屋面效果。

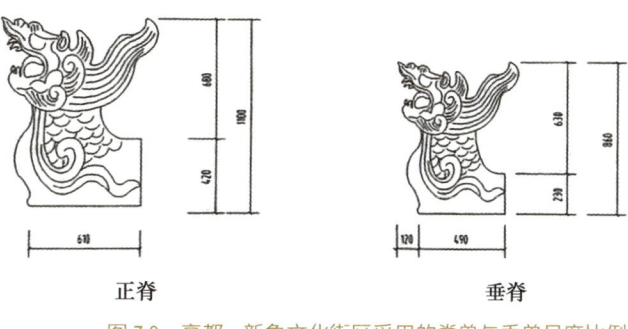

正脊　　　　　　　　　垂脊

图7-9 亳都—新象文化街区采用的脊兽与垂兽尺度比例

图 7-10　12# 院屋面效果

图 7-11　不一样的跑兽组合

河南传统民居跑兽的排列，一般都不按官式建筑的排列方式来组合，一是因为民居建筑在等级制度下的局限性，另一个更重要的原因是中原地区劳动人民朴实的性格，他们往往根据自己环境的特点任意组合，没有太多规律可循（图 7-11）。

河南古建筑屋顶上脊兽的特点，不仅体现了当地的历史文化背景和民族特色，也反映了古代匠人们的智慧和技艺。这些特点，不仅具有美学价值，也具有历史和文化价值。在今天，人们可以通过这些脊兽和构造，更好地了解河南地区的历史和文化，感受古代人民的智慧和创造力。

总体来说，河南古建筑屋顶上脊兽的特点非常丰富和独特。它们不仅具有美学价值，也反映了当地的历史和文化背景。这些特点，值得人们深入研究和了解，以便更好地保护和传承这些珍贵的文化遗产。

7.3　排山与博缝

传统建筑中，青砖墙面与瓦屋面有一段结合，这个位置称为排山和博缝。由于这两个部分的造型与遮护，使得传统建筑的墙面能独挡风雨的侵袭，从而使得建筑的寿命更长久。

中原地区民居建筑中，以硬山与悬山样式的建筑为主。硬山建筑以山墙面与屋顶外檐一个平面为硬山建筑，反之，屋顶外檐凸出山墙面的称为悬山建筑。山墙一般称为外横墙，是指沿建筑物短轴方向布置的墙叫横墙，建筑物两端的横向外墙一般称为山墙（图7-12）。

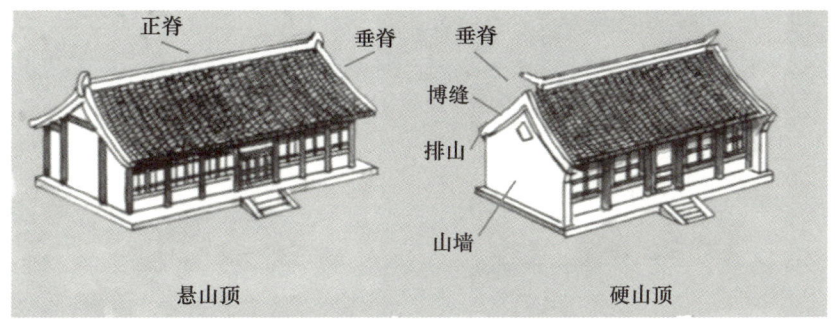

图7-12　硬山与悬山屋顶的区别

硬山、悬山与歇山建筑瓦屋面与博缝之间的防水做法称为披水，一般分为披水排山和铃铛排山（图7-13）。铃铛排山指的是由安放在建筑山墙上面的勾头和滴水组合成的排山做法，这里的建筑主要是指歇山、悬山和硬山建筑。也就是在歇山、悬

图7-13　不同排山做法

山、硬山山面的博缝板上，排列有一些勾头和滴水，它们与垂脊成正角形。也就是说，它们的排列与走势和重脊呈垂直、交错形式，而不是和垂脊呈并列、平行形式。这里的勾头和滴水就被称为"排山勾滴"，即排山勾头和排山滴水的合称。

7.4　悬鱼灰塑

悬鱼是中国传统建筑中常见的装饰元素，通常用于悬挂在山墙面屋檐下方，作为装饰和点缀。悬鱼通常由石头、木头或铜雕刻而成，具有一定的艺术价值和装饰效果。然而，随着时间的推移和文化的演

图 7-14 硬山墙面悬鱼的变化

变,一些悬鱼的制作材料也可能发生变化,其中一种可能性是悬鱼变成了用灰塑来制造(图7-14)。

"灰塑"是一种传统的手工艺品,是将石膏、石灰等材料与水混合后倒入模具中使之成型。灰塑具有轻便、易塑、成本低廉等特点,因此在一些装饰工程中被广泛应用。图7-15为郑州巩义河洛大王庙墙面上的山花灰塑。

图 7-15 郑州巩义河洛大王庙墙面上的山花灰塑

悬鱼之所以选择灰塑来制造有以下原因:一是符合当地传统民居的装饰特点。民居建筑山墙灰塑的特点,是一项值得深入探讨的话题。通过对郑州周边康百万庄园、秦氏故居、任家老宅等传统建筑的考察,可以发现,这些优秀建筑中,都运用了山墙灰塑装饰的手法。这种装饰手法不仅给建筑增添了美感,也体现了中华民族深厚的文化底蕴。

灰塑,是一种采用传统白灰材料,按照传统吉祥图案进行塑造的艺术形式。在民居建筑中,灰塑的应用十分广泛,它可以根据建筑的特点和主人的需求,灵活地运用各种吉祥图案,如寿字、蝙蝠、绶带等组成的图案,寓含着吉祥如意、福寿双全等美好寓意。这些灰塑图案,既展现了中华民族传统的审美观念,又体现了人们对幸福生活的向往和追求。

灰塑的做法,看似简单,实则十分讲究。它需要匠人有着高超的技艺和丰富的经验,才能将白灰材料运用得恰到好处。灰塑既简洁又美观,其线条流畅,造型生动,给人以简洁明快、典雅质朴的美感。同时,灰塑还能有效地保护建筑的山墙,延长建筑的使用寿命。

山墙灰塑在民居建筑中的作用不仅在于装饰，更在于文化传承。它承载着中华民族千百年的文化积淀，反映了人们对美好生活的向往和追求。在现代社会，人们应该更加重视传统文化的传承和发扬，让更多的人了解和认识中华民族的优秀文化，激发我们内心的文化自信和民族自豪感。

二是节约成本。豫中地区的民居建筑多为农村或小城镇居民居住，普遍以经济实惠为首要考虑因素。选择用灰塑来制造悬鱼可以降低制作成本，符合当地居民的实际经济承受能力。图 7-16 为郑州任家老宅山墙灰塑如意纹样。

图 7-16　郑州任家老宅山墙灰塑如意纹样

三是能够保留传统风格。尽管采用了不同的材料，灰塑制作的悬鱼仍然能够保留传统建筑的装饰风格和特色，如形态、纹理等，从而符合豫中地区民居建筑的传统风格和审美需求。

需要特别指出的是，在河南地区，官式建筑一般采用悬鱼的做法，形态端庄稳重，传统民居建筑多在山墙顶部采用灰塑代替悬鱼。大多数的民居以白灰＋麦秆或麻刀纤维，涂抹厚度约 10mm，图案简单，但是一目了然，线条硬朗、干净利落（图 7-17）。

图 7-17　巩义康百万庄园山墙灰塑悬鱼

四是工艺简便。灰塑相比于石雕或木雕，制作工艺相对简便，适合于农村手工艺者或小作坊的生产加工，能够满足当地的生产条件和技术水平。

五是能够适应当地气候环境。豫中地区的气候特点是四季分明，夏季炎热多雨，冬季寒冷干燥，石雕容易受到气候的影响，易产生开裂或者脱落等问题。相比之下，灰塑的材质更具有适应性，不易受到气候变化的影响，能够更好地保持良好的装饰效果。

7.5 复杂多变的青砖墙组合

在亳都—新象文化街区建造过程中，每个院子设计独特之处都经过反复打样比对确认。15个院子共有8种不同砌砖工艺，每种砖的尺寸、形制、砌筑方式、留缝形式、缝隙宽度、颜色各异，均经过三轮以上的打样推敲、设计和实体打样，确保最终呈现效果。

在这个项目中，为了能让单调的青砖墙面焕发出不同的亮点，现场对各种青砖与下碱组合做了大量的样板墙砌筑（图7-18）。通过老砖磨面后采用三顺一丁、五顺一丁等不同的砌筑表现方式，新砖也采用平顺、揍砖、陡砖等不同的用法，使得整个街区充满了更多的细微变化，让游客能在不知不觉中领略传统建筑中最精华的内容。

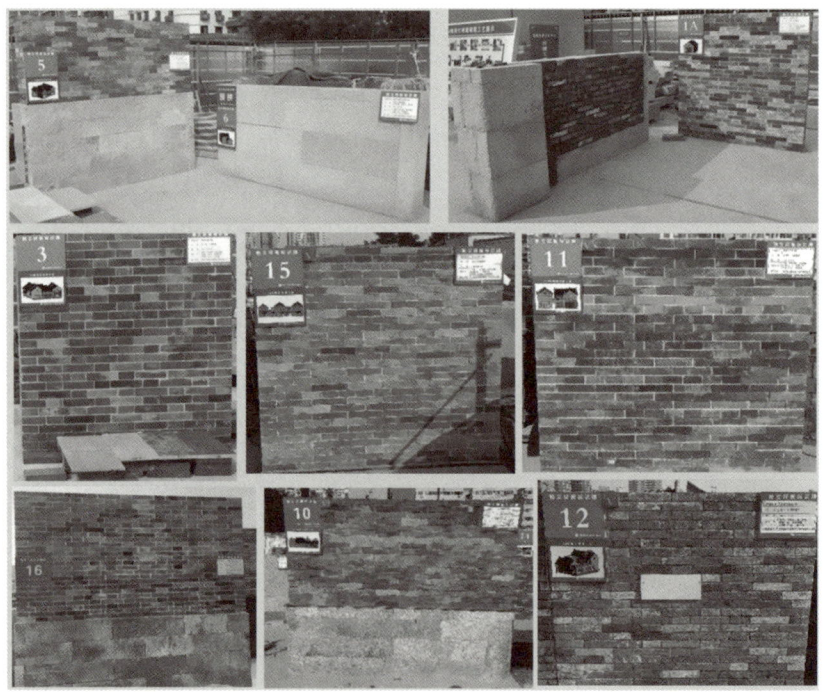

图7-18　各种砖墙与下碱的组合样板

8 不同的金属建筑

中国的传统建筑以木结构为主,但不是仅有木结构的建筑,目前流传下来的优秀古建筑也有很多砖石结构的,如无梁殿、塔之类的砖石建筑,同时还有更为小众的金属建筑,如最有名的开封铁塔不是真正的铁塔,它是琉璃塔,因为琉璃贴面的颜色像铁锈色,易被误认为是铁塔。

8.1 金属建筑

在我国,铁塔的数量屈指可数,以下主要介绍两座具有代表性的铁塔。

一是陕西咸阳的北杜铁塔(图 8-1),陕西咸阳北郊空港新城北杜村内有一福昌寺,寺庙已毁,院内只有北杜铁塔高高耸立。铁塔建于明万历三十三年(1605 年),塔高 21.5 米。外浇铸铁,内砌青砖。三层以上,每层铸有坐佛,遍布塔身,所以铁塔又被称为"千佛铁塔"。

图 8-1 北杜铁塔

二是山东济宁的崇觉寺铁塔,俗称济宁铁塔(图 8-2)。崇觉寺铁塔建于北宋崇宁四年(1105 年),是七层八角楼阁式铁塔。明万历九年(1581 年)重修,并加高两层,成为现在看到的九层塔。

古代中国真正的金属建筑当属金殿建筑。古代把铜铸的建筑称为金殿,目前国内最大、最完整的纯铜铸殿,与武当山天柱峰的真武金殿、大理宾川鸡足山金顶有着很大的联系,其建于明万历三十年(1602 年),是云南巡抚陈用宾仿照湖北

图 8-2 济宁铁塔

武当山天柱峰及湖北武当山的建筑风格而建的。金殿内主要供奉着北极的真武大帝，金殿四周用砖墙保护，金殿内还设计有城墙、宫门等结构，而且名字也叫太和宫。到了明崇祯十年（1637年），张凤山将铜殿迁到宾川鸡足山。

图8-3　五台山显通寺金殿

另外，还有峨眉山金顶、泰山岱庙里的铜亭等，但其中保存完好、最有名的当属五台山显通寺里的金殿（图8-3）。

五台山显通寺坐落在台怀镇，它是五台山众多寺庙中建寺最早的一座。该寺历史悠久，铜殿是寺内重要文物之一。铜殿高8.3米，宽4.7米，深4.5米，是明朝万历三十四年（1606年）用10万斤铜铸成的。殿建平面见方，宽约2.97米，深约2.64米，高丈余，外观两层，内为一室，四角四柱，柱础似鼓。殿内上层四面6扇门，下面四面8扇门，殿中央供奉着高约1米的铜佛。铜殿的每扇门由一个省铸造，纹饰之美，工艺之精，实在是惊人。殿内四壁上有小佛万尊，金光闪闪，灼灼照人。

现在的商业街区建筑，为了达到现代商业的空间、采光、客流的需要，金属材料的应用非常广泛。在这个街区里，人们能看到金属幕墙与传统陶瓦的结合、金属栏板与梅兰竹菊"四君子"的相融、金属仿木节能门窗与传统吉祥纹样的互动等。

以商业为基础，融合展览、文娱、民宿等多功能业态。拓宽商业界限，庭院也能成为休闲场所。不拘于传统坪效思维，空间更加丰富多样。尤其是金属材料的应用，为了能在这种文化氛围浓厚的街区中不突兀，在设计过程中，通过CAD图形、BIM模型、SU模型、3d max等技术反复推敲，将所有细节三维可视化，以达到和谐且风格独特的效果。

亳都—新象文化街区充分考虑现代商业空间的需求，在材料选择应用上营造了不同环境的特色商业氛围（图 8-4、图 8-5）。

图 8-4　亳都—新象文化街区金属建筑

图 8-5　亳都—新象文化街区不同的金属效果

8.2　水喉

水喉现在主要是指供应和排放水的管道系统。其实这个构件在中国传统建筑中早已存在，尤其在多雨的南方，多联搭的屋面排水和天沟出水口一般会设置水喉。在北京故宫或者北海等皇家建筑台基上都有一排石雕的螭首，尤其在下大雨的时候，北京故宫就会形成千龙吐水的景观，这就是利用水喉进行排水。

郑州亳都—新象文化街区是一个开放的现代商业文化街区，具有很多现代建筑的元素，每个建筑主体都设计有空调系统，空调冷凝水的排放就依靠这款铜制的鱼龙水喉来出彩，水滴自鱼龙口中流出，滴入下面对应的街区循环水渠内，形成另外一个景观（图8-6）。图8-7为金属幕墙与金属门窗在街区中的呈现效果。

图 8-6 亳都—新象文化街区排水口的鱼龙水喉

图 8-7 金属幕墙与金属门窗在街区中的呈现效果

9　牖窗之美

建筑外檐窗的类型多种多样，十分丰富。根据不同的分类标准可以将这些窗划分为不同的类型。

根据窗所在的位置可分为槛窗、横陂窗、风窗等。槅扇槛窗简称槛窗，顾名思义就是安装在槛墙上的窗。它的外形、开启方式与槅扇门相同，与槅扇门的区别就在于没有"裙板"构件。

根据窗扇开启方式，可分为支摘窗、推窗、吊搭窗、槅扇窗等。支摘窗，顾名思义，窗子可以支起、摘下。支摘窗也安于槛墙之上，一般在一个开间内为四扇，且四扇都为双层（图9-1）。推窗又称支窗，顾名思义，窗扇可以推开支起。故宫内推窗多用于库房、值房、耳房或是配殿建筑。推窗尺寸一般较大。

图9-1　金属仿支摘窗

《营造法式》中述："窗穿壁，以木为交窗。在墙曰牖，在屋曰窗。"意思是，窗是装嵌在墙壁上，用木条横竖交接而成。用在墙上称为牖，用在房屋上称为窗，如今在中国古建筑中也统称为窗。各种形状的窗框将框外景物有意识地选择取舍纳入框内，构成精美生动的画面。不同的外框形状可以框出不同风景，而且会随着人的视角的改变而变换。这便是统古典园林造景常用的手法——框景。框内的景物和建筑结构融为一体，虚实结合，景外有景，别有洞天（图9-2、图9-3）。

图 9-2　7#院立面图槅窗的变化

图 9-3　9#院立面图槅窗的变化

传统中国建筑窗的形制丰富多彩，槅窗作为中国古典建筑中兼具装饰性与实用性的元素，有着不可或缺的地位。其多变的形状，丰富的纹样皆是国人的审美意趣。

10 纹样的变化

在中国古建筑中，有着丰富多彩的装饰纹样。古人充分运用象征、寓意和祈望的手法，将民族哲理、伦理等思想和审美意识结合起来，产生了多彩多姿的建筑装饰图案。

古人云："无刻不成屋，有刻斯为贵。""建筑必有图，有图必有意，有意必吉祥。"雕刻，是一种中国民间艺术工艺，工匠们在木石砖瓦上雕以图案、花纹，雕刻方法复杂多样，风格古典而清雅，为中国建筑增添了一道独特的风景线。中国古建筑，色彩丰富、造型万千的纹样随处可见，如门楼、窗棂、脊饰、铺地上等，或木质纹理，或砖石印痕，中华纹样文化已嵌入时光深处。

建筑装饰是建筑华丽的外衣，也是建筑的"文"，它透露了这座建筑物主人的身份、地位，同时也巧妙地表达了他们的内心祝愿和心性品格，与建筑的实用功能，也就是建筑的"质"和谐完美的统一。在漫长历史进程中，这类元素被不断拆分、重组，不断吸收、演化、再创作，形成了我国特有的吉祥图案。常见的吉祥元素主要有：动物类如蝙蝠、龙、凤、麒麟、鱼、鹿、鹤等，植物类如梅、竹、莲、水仙等，传说故事及神仙人物。这些吉祥元素经常采用谐音和隐喻来表述含义。

10.1 五福捧寿

在中国传统的装饰艺术中，蝙蝠的形象被当作幸福的象征，习俗运用"蝠""福"字的谐音，并将蝙蝠的飞临结合成"进福"的寓意，希望幸福会像蝙蝠那样自天而降。以此组吉祥图案蝙蝠纹样变化相当丰富，有倒挂蝙蝠、双蝠、四蝠捧福禄寿、五蝠等（图10-1）。

图 10-1　11# 院福字图案

图 10-2　传统门板芯的五福捧寿图案

传统纹饰中将蝙蝠与"寿"字组合,曰"五福捧寿"(图 10-2)。通常所言的五福分别为:一曰寿、二曰富、三曰康宁、四曰修好德、五曰考终命。意思是说:除了富贵、健康地生活,还要注重德行,多做善事,最主要的是敬畏天地,注重教育子女,得到善终。也有将蝙蝠与云纹组合在一起,名曰"洪福齐天"。

10.2　鱼跃龙门

"鲤鱼跳龙门"是我国的一种传统祥瑞图案,传说鲤鱼跃过龙门后,就可以化身为龙,脱离水面,在空中自由翱翔。因此,"鲤鱼跳龙门"在古代常常用来比喻中举、升官等飞黄腾达之事,也用来形容逆流前进,奋发向上的精神。图 10-3 为亳都—新象文化街区木雕调整对比图。

(a) 调整前　　　　　　　　　(b) 调整后

图 10-3　亳都—新象文化街区木雕调整对比图

北宋早期，李昉等人在撰写《太平广记》一书时，详细记载了"鲤鱼跳龙门"故事的由来："龙门山在河东界，禹凿山断门一里余，黄河自中流下，两岸不通车马。每岁季春，有黄鲤鱼自海及诸川，争来赴之，一岁中登龙门者不过七十二；初登龙门，即有云雨随之，天火自后烧其尾，乃化为龙矣。"北宋后期，陆佃在撰写《埤雅》一书时，也对这个故事进行了记载："俗说鱼跃龙门，过而为龙，唯鲤或然。"

鲤鱼在中华传统文化中具有诸多象征意义，鲤鱼文化几经流变、融合、演进，终于形成了中华传统文化的重要组成部分。中华传统鲤鱼文化承载着民族传统观念的文化内涵，在人民物质生活和精神生活中放射出璀璨的光芒。

10.3　松鹤延年

松树长青，鹤是白头，在中国古文化中都有长寿的含义，寓意为"松鹤延年"。此外，松针很长，鹤很瘦，合在一起就是"针长瘦"（真长寿）之意。精美雕刻的展示就在街区紧邻北广场的17#院。图10-4为17#院松鹤延年柱础与墀头。

图 10-4　17#院松鹤延年柱础与墀头

117

10.4 万事如意

"卍"形图案本是佛教的一种标志,佛教认为它是释迦牟尼胸部所现的瑞相,有吉祥之意。唐武周长寿二年(693年),武则天将"卍"定为汉字,并读作"万"。"卍"字形图案深受历代人民所喜爱,古人称其为万字纹。

用"卍"字四端向外延伸,又可演化成各种锦纹,循环重复的"卍"字意喻了生命的永不止息。常将其使用在建筑、家具、玉器、丝织品乃至各种穿戴饰品上,是中国古代建筑中常见的纹饰之一(图10-5)。

图 10-5　万字纹的使用

10.5 绵延不绝

"回"字纹是中国典型的几何传统纹样之一,历史十分悠久,由陶器青铜器上的云雷纹衍化而来,甚至更古老。因为其形状像汉字中的"回"字,所以称为回字纹。在中国的古建筑、老家具上,人们经常能看到这种极具装饰性的纹饰。

回字纹通常由横竖短线折绕组成方形或圆形的回环状,线条连贯,图案绵延不绝,象征福气延绵,富贵不断头。回字纹可以无限延长,寓意着多子多孙,繁荣昌盛,旺盛的生命力,内涵极为美好。

10.6 步步高升

步步锦是一种有规则的几何图案,主要由直棂和横棂组成。直棂与横棂独立纵横,一步步变化,形成"丁"字形状。较之其他形式的窗格更加坚固耐用,能充分满足外檐门窗的功能和装饰要求,是传统建筑外檐门窗一种颇具代表性的窗格形式(图10-6)。

步步锦纹在古建筑中常用于外檐的槅扇、槛窗、支摘窗、倒挂楣子、坐凳楣子等，寓意美好吉祥、前途似锦、步步高升。

10.7 福寿双全

寿字纹是古代中国传统纹饰之一，为汉字"寿"字的变形。在后世一代又一代的文字演化中，"寿"字的笔画与字形不断改良，慢慢

图 10-6 步步锦纹窗花棱

成为一种可以表达特定吉祥寓意的图案，就是后来广泛运用的寿字纹。

通常以"寿"的字形为主要元素，搭配吉祥寓意的花卉、人物、动物等图案，如最常见的是与五只蝙蝠组成五福捧寿。寿字的形态多种多样，在明清时期几乎遍布生活所用的所有物品上。

10.8 招财进宝

铜钱纹是一种以古钱币为题材的装饰性很强的吉祥纹饰，象征招财进宝、大富大贵。这类图案圆圈中有内向弧形方格，似圆形方孔钱，构图多做二方或四方连续排列，也有的是成串圆圈两两相交套合的排列，尤其受到商人们的喜爱。

一般人们喜欢把金钱纹装饰成门窗花格，尤其是在江南园林中漏窗采用金钱纹的较多。北方更多的是用在大门的铁饰、砖雕造型和地面排水口等位置（图 10-7）。

图 10-7 门扇铁饰与地面下水口的金钱纹样

10.9　健康长寿

图 10-8　龟背锦窗花格

龟背纹，又称龟背锦，一种乌龟背壳象形图案。我国古代传说中，龟与龙、凤、麟合称"四灵"。龙能变化，凤知治乱，龟兆吉凶，麟性仁厚。龟纹门窗格心图案不仅图案规整美丽，而且寓意健康长寿，无灾平安，能得到镇守北方的玄武神的保护。在古建筑中，龟背纹常用于门窗、楣子及门檐等处（图 10-8）。

10.10　高雅和谐

在中国古建筑中，植物形的纹饰颇多，常见的有牡丹花纹、海棠花纹、莲花纹、梅花纹等，其中尤以四瓣的海棠纹和五瓣的梅花纹应用最多。海棠有多重美好的寓意，海棠花开放时颜色艳丽、花型优雅，观赏性极高，"棠"和"堂"谐音，所以常与玉兰、牡丹同种，象征玉堂富贵，优雅高洁。图 10-9 为 12# 院富贵牡丹的金属枋雕花。

图 10-9　12# 院富贵牡丹的金属枋雕花

10.11　锦上添花

灯笼纹，又名灯笼锦，拟灯笼之貌，简化为八角形图案。上下左右略加装饰，朴实美观而不失雅致。每当斜照穿透灯笼纹窗棂，仿佛灯笼被点亮，这种奇妙的巧合，不由人不惊奇。

10.12　吉祥如意

如意最原始的意思是指一种器物，梵语阿那律。

如意本来是民间的一种挠痒痒用的东西，取其名曰："尽如人意。"魏晋南北朝时期，如意的形制以柄首呈屈曲手掌式为主流；唐代发展为柄身扁平，顶端弯折处演变为颈部，柄首为三瓣卷云式造型。从唐代的壁画和传世文物中，可见手持如意的菩萨像。这个时期如意非常走红，上至达官贵族，下至平民百姓，要是手里没个抓挠（如意）的，都不好意思跟人打招呼。后来一部分手爪状的如意头，渐渐变成了祥云状、灵芝状，淡化了实用性，用料也从木头、金属变成了金银宝玉，成为一种权势富贵的象征。到了明朝时候，如意已完全变成观赏性的艺术品。民间逐渐演变成了吉祥话：事事如意。图 10-10 为日本正仓院收藏唐代玳瑁如意，图 10-11 为故宫博物院掐丝珐琅如意。

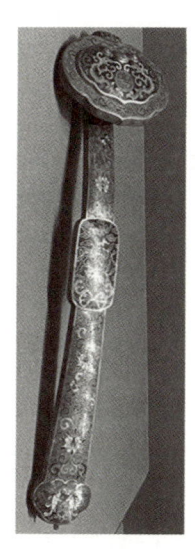

图 10-10　日本正仓院收藏的唐代玳瑁如意　　图 10-11　故宫博物院掐丝珐琅如意

如意的柄端作手指形，用以搔痒，可如人意，因而得名。也有柄端呈心字形的。以骨、角、竹、木、玉、石、铜、铁等制成，由四个如意从四面围拢连接，形成的一个新图形，在清朝时较为流行。四合如意纹有不同的组合方式，有的四个如意交织在一起，有的四个如意聚合在一起，向四方舒展开来。"四合"寓意四面八方，指代天下，寓意天下太平、平安如意，和和美美。

百事如意，由百合花（或百合根）、柿子（或唐代狮子）及灵芝组成的图案，象征一切皆意，事事如意（图10-12）。

平安如意，如意插在瓶子里，取"瓶"谐音"平"，寓意平安如意。这些如意纹被广泛应用于漆器、瓷器、金银器及服饰上。

图10-12 亳都—新象文化街区使用的砖雕如意、百事如意墀头以及吉庆如意盘头

吉庆如意的图案里面有戟或三叉戟、如意和磬，寓意吉庆如意、吉庆祥和。

10.13 上善若水

水纹是我国古典传统吉祥图案之一，蕴含着深厚的美学价值，也体现着一定的文化内涵。水是万物本源，生生不息。水有极强的凝聚力，包容性强，富有生机、活力。水纹的形态变化无穷，弯曲流转，与中国古代的哲学思想"天人合一"相契合。水能顺应自然，适应各种环境，这种特质也被视为一种智慧和处世哲学。图10-13为水纹滴水勾头的应用。

水纹一般表达的有四个含义：富、贵、寿、喜。也正是因为水本

身的形态和性格，人们赋予了它美好的寓意。水文化中也蕴含着"以柔克刚""柔中见刚"的精神内涵。所谓上善若水，善利万物而不争，就是对水的品性的赞扬。

图 10-13　水纹滴水勾头的应用

水纹装饰的器物，往往与当时的社会地位和礼仪制度紧密相关。例如，宫廷中的瓷器、服饰等，往往采用高质量的水纹装饰，以显示皇权的威严和尊贵。

10.14　其他纹样寓意

我们经常在传统中国画中看到"喜鹊登枝"的内容，也常听老人们说，开门见喜（雀），喻示好运来临。中国人对喜鹊的喜爱和崇拜现象，逐渐形成一种吉祥文化，称之为"喜鹊文化"。人们给喜鹊赋予喜庆、吉祥、好运的含义，将心中美好的愿望和情感寄托于喜鹊。喜鹊的"喜"字，代表了中国人盼喜、爱喜、好喜的心理。喜鹊与梅花的雕刻，有"喜上眉梢"的寓意。

人们也常用连着枝叶、切开一角、露出累累籽粒的石榴，以及颗粒饱满多籽的葡萄图案，代表多子多福、家传万代、生生不息。

松鼠形象可爱，加上它的亲戚"鼠"又是十二生肖之首，对应地支第一的"子"，因此有多子多福、永居魁首的寓意。鼠与葡萄、石榴相配，都有丰收富裕、子孙绵延的意思。

在中国古建筑中，还有着更加丰富多彩的传统装饰纹样。从古老的青铜器到精美的玉器，从独一无二的青花到繁复庄重的服饰，从建筑上的雕琢到古门上的老锁。这些来自中国几千年勤劳智慧的想象力全都凝聚在那纤细又曲折迂回的纹路里。

古人充分运用象征、寓意和祈望的手法，将民族哲理、伦理等思想和审美意识结合起来，产生了多彩多姿的建筑装饰图案（表 10-1）。

表 10-1　其他纹样寓意

序号	图案构成	寓意	序号	图案构成	寓意
1	龙、凤	祥瑞幸福	12	四个狮子、绳子	四世同堂、世代富贵
2	青松	延年益寿	13	蝙蝠、寿字	五福捧寿
3	翠竹	竹报平安	14	鸬鹚、莲花	一路连科
4	梅花	梅花报春	15	鲤鱼、龙门	鱼跃龙门
5	葫芦	福禄绵长	16	游鱼	年年有余
6	荷花	和气和睦	17	猴子骑马	马上封侯
7	莲藕	好运连连	18	猴子背猴子	辈辈封侯
8	柿子	事事如意	19	鹿、仙鹤	鹤鹿同春
9	石榴	多子多福	20	蝙蝠、铜钱	福在眼前
10	麒麟	麒麟送子、麒麟献瑞	21	喜鹊、梅花	喜鹊登梅
11	狮子、绸带	喜庆吉祥	22	花瓶、稻穗	岁岁平安

11 大师的印章

郑州亳都—新象文化街区内除了砖雕、木雕、石雕艺术品，还增加了现代工艺的金属构件，漫步在街巷中，随处可见，且件件精妙、引人入胜。这些优秀的作品结合了国内很多优秀非遗大师的工艺，是这个街区总体建筑艺术的重要组成部分，其内容、布局、技法，集中体现了北方大气、雍容、繁密的典型艺术风格。

11.1 砖雕

砖雕是中国传统建筑装饰艺术中的瑰宝，具有独特的魅力和深厚的文化内涵。砖雕在建筑中的应用广泛，常见于古建筑的门楼、影壁、墀头、檐口、廊心墙等部位。砖雕作品遍布大江南北，例如，在传统的四合院中，精美的砖雕门楼往往是整个院落的亮点，体现了主人的身份和品位。在徽派建筑中，砖雕是最具有文化特色的构件。

本项目中的砖雕作品（图 11-1）出自山西太谷的晋派砖雕世家传承人温建明先生。他的作品享誉各地，本地雕琢的特点浓厚，雕刻内容涵盖广泛，雕制的作品稳重且精美，无不展现了中华传统文化的博大精深。

图 11-1 砖雕墀头

11.1.1 砖雕的特性

砖雕通常以质地细腻、坚实的青砖为原材料，经过精心雕琢而成。其制作工艺复杂而精细，需要经验丰富的工匠运用多种雕刻技法，如平面雕、浮雕、镂空雕等，将图案和造型栩栩如生地呈现在砖块上。青砖质地紧密、细腻，具有良好的抗压性和耐久性。其特点如下。

1. 硬度适中

既不过于坚硬难以雕刻，又有足够的强度保证雕刻后的作品不易损坏。

2. 吸水性低

能够在不同的气候条件下保持稳定，不易因潮湿或干燥而变形。

3. 色泽古朴

青砖的颜色通常呈现出青灰色，给人一种沉稳、素雅的感觉，与传统建筑的风格相得益彰。

4. 纹理均匀

便于雕刻出精细、均匀的图案和线条。

11.1.2 平面雕

平面雕也称为阴刻或阳刻，是在青砖表面进行的雕刻。阴刻是将图案线条凹刻下去，使图案低于砖面；阳刻则是将图案线条凸出于砖面（图 11-2）。

图 11-2 平面雕（17# 院）

11.1.3 浮雕

1. 表现形式

图案部分从青砖表面凸起,形成高低起伏的效果(图 11-3)。

2. 立体感

具有一定的立体感,但仍有部分与砖面相连。

3. 创作技法

较为复杂,需要根据图案的需要,控制凸起部分的高度和形状,以表现出层次感和光影效果。

图 11-3 浮雕(13# 院)

4. 雕刻内容

多雕刻花卉、人物等,如一朵凸起的牡丹花,花瓣之间有高低错落。

11.1.4 镂空雕

1. 表现形式

镂空雕通过在青砖上剔除部分材料,形成镂空的图案或造型。这种表现形式使得作品具有通透感和轻盈感,光线可以穿过镂空部分,产生独特的光影效果(图 11-4)。

2. 创作技法

在雕刻前,需要精心设计图案,确定哪些部分需要镂空,以及镂空的形状和大小。然后使用各种规格的凿子、刻刀等工具,根据图案的要求进行雕刻。镂空雕注重图案的层次关系,先雕刻出主要的轮廓和较大的镂空部分。在完成大致的雕刻后,需要对作品进行精细的修整,使边缘光滑、线条流畅。

图 11-4　镂空雕博缝头与透风

11.2　石雕

石雕在传统建筑中的应用及其广泛，人们常见的有窗台石、门枕石、柱础、拴马桩等。本街区石雕作品的创作，邀请的是已故古建筑泰斗罗哲文先生的徒弟、国家级非遗大师蔡云娣先生。

本街区的石雕艺术品，题材丰富，雕刻技艺多种多样（图 11-5）。我们通过考察，把中原地区遗留下来的优秀的石雕柱础、窗台石、水喉等，通过拍照、测量、绘制线稿、翻转成三维立体图样等过程，在设计师、古建专家、雕刻艺人等的共同参与下，创作出了一件件艺

图 11-5　石雕柱础

术佳作，将本街区各个院落主题文化内容与中华民俗文化凝为一体，自觉或不自觉地成为中国古老文明的文化传承。

石雕的题材极为丰富多样。有神话传说中的祥瑞之物如龙、凤、麒麟，有民间故事中的人物形象，有寓意美好的花卉植物如牡丹、荷花、梅花，还有象征吉祥的各种图案如福字、寿字、如意纹等，无不展现了中华传统文化雕刻技艺的精美。本街区的石雕作品还有一个惊喜等着您来发现——所有的石雕作品中都隐藏着大师的印章。

11.3 木雕

中国传统古建筑分为大木作和小木作。大木作是指梁架、柱、斗拱、椽望等。小木作是指室内外檐装修。古建木装修在古建筑木构造中是主要的组成部分，它是表现民族形式的重要手段。古建筑装修包括房屋的室内外所有的门窗、槛框。外檐装修有槛窗、支摘窗、夹门窗、木栏杆（栏杆还有用铅铁皮做花心）等。

外檐装修具体指的是额枋、荷叶墩、雀替、挑尖梁、门板芯等的雕刻与安装。本项目中采用的是东阳木雕的传承人卢忠一老师的作品。木雕的所有作品内容都紧密围绕着各个院落的主题来创作和制作，例如，10#院的太平有象，以大象的题材为主，在这个院落的额枋、荷叶墩（图 11-6）、挑尖梁甚至石雕柱础等环节都体现出了大象的形象与环境。

图 11-6 荷叶墩的雕刻

11.4 金属构件

在中国传统建筑市场中，金属仿古构件的使用还没有大量的应用，以山东省为例，全面采用金属仿古构件与结构的大型仿古建筑仅有济南市大明湖的超然楼和临沂市蒙山风景区的望海楼（图11-7、图11-8），其他的如泰山、烟台等地也有建设，但整体来说屈指可数。

图11-7　山东超然楼

图11-8　望海楼

郑州亳都—新象文化街区项目设计采用铜、铝合金材料仿制梁柱檐枋及斗拱、顶棚、屋面瓦的部分建筑构件造型。传统的古建筑安装，因为木质材质的问题，在加工过程中为了避免木料变化造成安装困难，对接口的尺寸都有一定的余量，而铜、铝合金仿古建筑各个构件就可以铸造得严丝合缝，安装操作简便，不考虑现场刨削改造，直接进行穿插安装、焊接或者铆接即可完成。为了保障质量与工艺水平，我们对接了以朱炳仁大师领衔的金星铜作为铜、铝合金构件的制作方与安装方。图11-9为亳都—新象文化街区采用的铜枋，图11-10为金属雀替与金属瓦滴水。

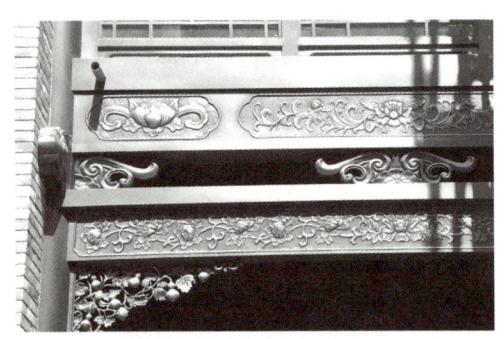

图11-9　亳都—新象文化街区采用的铜枋

图11-10　金属雀替与金属瓦滴水

传统建筑形制可以使用的金属材料在强度、容重、防火抗震、耐侵蚀性能以及抗衰性等方面都体现出了明显优势。除此之外,与传统施工方式相比,装配式技术能够有效缩短施工周期,降低环境影响,减少施工中产生的浪费现象。因此,装配式的发展也是传统建筑未来的发展方向。

我们也在积极探索金属仿传统构件的传统建筑。相对于现代建筑而言,传统建筑造型优美,结构严谨,宏伟中不失细腻,庄严中不失优雅。屋檐曲线、起翘的屋角以及硬山、悬山、歇山、庑殿、攒尖、十字脊、盝顶、重檐等众多屋顶形式的变化,使建筑物产生独特而强烈的视觉效果和艺术感染力。用现代材料完美地呈现中国传统建筑之美,是设计者始终追求的目标。

12　用好历史符号

12.1　吻兽

中国传统建筑中，一般在正脊两端和四条垂脊上都设置一些小兽，在增加建筑美观的同时也有一定的寓意。起初，在唐宋时，还只有一枚脊兽，后来又逐渐增加了数量不等的走兽。到了清代，就形成今天人们所看到的"仙人骑凤"领头的神兽队列形态。当然，这些小兽放置的个数和次序也是十分讲究的。根据建筑物的规模和等级的不同，放置的数目也是不同的。屋脊上的神兽越多，主人的地位也就越高。

郑州亳都—新象文化街区参照了中原地区传统民居建筑的诸多元素，屋脊上的兽相较于传统官式建筑就比较简单了。中原地区民居建筑的脊兽与垂兽一般都采用垂兽或戗兽的样式，这与北方纯官式建筑的风格有些不同。在河北、北京、天津等地区，民居建筑也采用官式建筑的吻兽与垂兽。本项目中采用的就是中原地区传统的垂兽造型，通过收集周边传统民居优秀建筑的脊兽造型，结合本项目建筑体量，对脊兽与垂兽的尺度做了很大调整，每个建筑物上的脊兽利用现代的制图手段进行了模拟尺度的对比与取样，最终形成了现今的完美组合（图12-1）。

2#院和17#院垂兽　　　3#院垂兽　　　5#院垂兽　　　8#院垂兽

图12-1　脊兽制作

12.2 雀替

雀替原是放在柱子上端用来与柱子共同承受上部压力的物件,它的具体位置在梁与柱或枋与柱的交接处,除了具有一定的承重作用,还可以减少梁、枋的跨距,增加梁头的抗剪能力。

雀替是清式名称,它在宋代的《营造法式》中叫"绰幕"。雀替这种构件,资料显示,最早见于北魏的云冈石窟。元代以前雀替构件大多用于内檐,而元代以后,特别是清代的雀替普遍用于外檐额枋下,并且清代时还规定了其长度应为所在开间的面阔的1/4(图12-2)。

明清时期的雀替,在靠近柱头处都是有三幅云及拱头承托,除了一般的雀替形式,还有骑马雀替(图12-3)、花牙子雀替(图12-4)等变化。雀替的纹样、雕饰随着时代的发展逐渐增多,愈发精美,到清代时尤为丰富多彩,几乎逐渐演变成建筑上一种纯粹的装饰性构件。明代以前的雀替,几乎少见雕饰,若有装饰,也大都是彩画敷其上。从明代起多雕刻云纹、卷草纹等,清中期以后,有些雀替还雕刻有龙、禽之类的动物纹,相当精彩。

图 12-2　雀替的位置

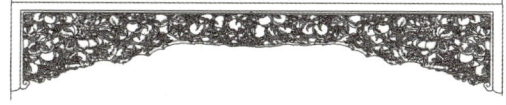

图 12-3　16#院寿桃图案骑马雀替

图 12-4　13#院花牙子雀替

12.3 墀头

墀头是中国传统建筑中常见的装饰元素，通常出现在建筑物的墙角、屋檐等处，起到装饰和点缀的作用。墀头的设计多种多样，可以是石雕、木雕或者砖雕等材质，形态也各异，常见的有动植物的雕刻、吉祥图案或者抽象的纹饰。本项目中用到的多是砖雕。

亳都—新象文化街区墀头样式丰富多样，每个院落为不同的墀头样式，共计17种墀头样式、16种盘头雕花样式，均为专业砖雕传承人所设计和加工创作（图12-5、图12-6）。

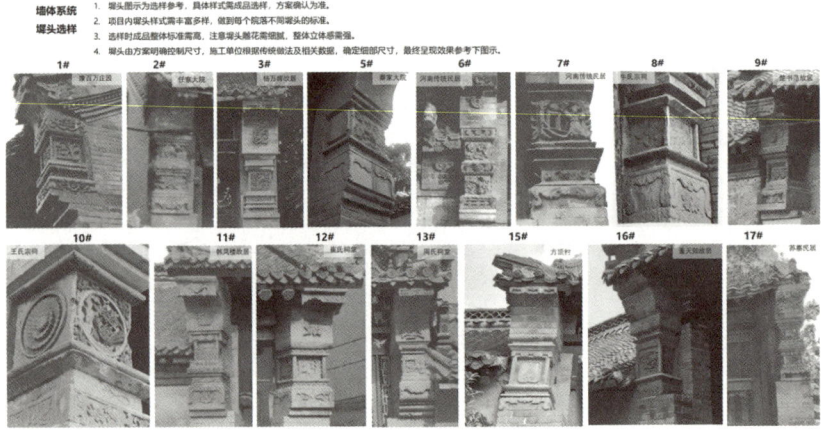

图12-5 墀头采样图例

图12-6 墀头、盘头采样图例

墀头在中国古代传统建筑中有着悠久的历史，最初的作用是用来装饰建筑物的墙角，使建筑更具美感和气势。墀头的设计多受到当时的社会文化、地域风情以及居民的审美观念的影响，常常反映出建筑主人的身份地位、信仰和愿望。

在古代建筑中，墀头的形态和图案常常寓意着吉祥和祝福。例如，常见的龙凤图案象征着权势和尊贵，鱼跃龙门寓意着飞黄腾达，如意云纹则代表着幸福安康。这些图案不仅增添了建筑的装饰效果，也承载了人们对美好生活的向往和祝愿。图12-7为亳都—新象文化街区中的墀头，图12-8为墀头组合件中的冰盘檐挂板。

针对墀头等重要纹样认样工作，2023年11月5日，中建八局邀请刘大可（著名古建筑专家、国务院特殊津贴专家）、李永革（国家级官式古建筑技艺传承人、故宫博物院研究馆员）、苏庆河（中国民族建筑研究会专职副秘书长）、刘德虎（中国民族建筑研究会古建专家库专家成员）、孙茂军（编写国家、行业与团体标准专家）、孙振贤（中国民族建筑研究会常务理事）、张勇（中建八局二公司古建专家顾问）、王正（中建八局二公司古

图12-7　亳都—新象文化街区中的墀头

图12-8　墀头组合件中的冰盘檐挂板

建专家顾问）等著名古建专家进行专家论证，对本项目各院落的墀头线稿、方案照片进行逐一评审。各方均对墀头样式表示认可，并形成评审报告。

12.4 博缝头

郑州亳都—新象文化街区很多的墙面都设计有中原地区特点的博缝头，这些博缝头的造型与脊兽一样都源于周边优秀的历史民居建筑。

为保证博缝头雕刻工艺能随时依据各方意见进行调整，中建八局专门聘请两位砖雕师在2#院打样基地进行博缝头打样，随时配合方案调整，并进行过程细节把控。

现场进行拆除调整，通过过程沟通、先打样后施工等方式，经过5次调整与确样评审，方案院反馈拔檐博缝进退尺寸按图施工效果不佳，且博缝头样式效果不佳，要求重新雕刻调整博缝头样式（图12-9）。

3#院拔檐博缝

6#院拔檐博缝

10#院博缝头

11#院博缝头

11#院博缝头2

12#院博缝头

13#院博缝头

15#院博缝头

17#院博缝头

图12-9 亳都—新象文化街区的博缝头打样

经过多轮沟通与调整，最终确定郑州周边 10 余处传统院落的长城纹、海波纹、组合纹等传统纹样为博缝头、顶参考样式。根据方案要求，本项目的博缝头及博缝顶样式丰富多样，成品整体要求极高，博缝头在每个院落中采用不同的墀头样式。本项目共计 17 种博缝头顶样式，均委托传承人大师进行创作。

12.5　柱础

在中国传统木建筑中，横梁直柱，柱阵列负责承托梁架结构及其他部分的重量，古代工匠为使落地立柱不受潮湿而腐烂，在柱脚上垫一块石墩，使柱脚与地坪隔离，起到相对的防潮作用。凡木架结构的房屋，柱柱皆有，缺一不可。由此可见，又加强柱基的承压力。由此可见，中国古代对础石的使用十分重视。

早期的柱础多为天然的石块。发展到汉代，开始出现圆形、覆斗形的柱础，部分雕刻有动物纹饰；南北朝时期，随着佛教的兴盛，出现了莲花装饰的柱础；唐宋时的柱础多为覆盆式，雕刻的花纹则更多样；明清时，柱础的形式更加丰富。

随着建筑艺术的发展，柱础的雕刻与形制也出现了很大的变化，就柱础的形态可以分为覆盆式、覆斗式、鼓式、基座式、复合式等。

在古代建筑设计中，通常会根据柱子的直径来确定柱础的尺寸和形状。宋代的《营造法式》曾对石柱础的形制及其装饰作出规定："造柱础之制，其方倍柱之径……若造覆盆，每方一尺，覆盆高一寸。"一般情况下，柱础的尺寸是柱子直径的方倍，即柱子直径为几寸，柱础的边长就为几尺。同时，如果要制作覆盆形状的柱础，其高度一般为柱础边长的寸高。例如，如果柱子直径为 1 尺，那么对应的覆盆形状的柱础，其每边长度就为 1 尺，高度则为 1 寸。

这种规定主要是为了确保柱础与柱子之间的比例和协调，从而保证整个建筑结构的稳定和均衡。柱础的尺寸和形状不仅仅是为了装饰，更重要的是为了承担柱子的重量，分散柱子的承重力，防止柱子底部因受力过大而产生开裂或变形，从而保证建筑的安全和稳定。

图 12-10 13# 院落宫灯型柱础

图 12-11 10# 院落吉象柱础

亳都—新象文化街区的所有柱础遵循传统的规制要求，在图案中做了些许变化，尤其是为了照顾商业空间的需求，尽量减少柱子带来的阴影和空间的减少，尽量把柱子做入墙式或隐藏处理，这样，柱础随着柱子的进退就造成了更多的半柱础和四分之一柱础。为了避免因为柱础的不完整造成的图案歧义，我们把半柱与四分之一柱的柱础雕刻做了很多的变通处理（图 12-10、图 12-11）。

12.6　荷叶墩

清式隔架科通常把底部枋上的三角形柁墩雕刻成荷叶的样子，故名荷叶墩（图 12-12）。荷叶墩最早的出现可以追溯到古代建筑中的石雕和木雕装饰。在古代，人们开始将荷叶形象融入建筑装饰中，用以点缀建筑墙面、庭院和廊檐等部位，增添建筑的艺术感和生活气息。随着时代的发展和建筑艺术的演变，荷叶墩的形态和样式也不断丰富和变化，从最初的简单

图 12-12　传统建筑荷叶墩位置

荷叶形状，逐渐发展出各种复杂的纹饰和雕刻技法。图 12-13 为亳都—新象文化街区采用的砖雕荷叶墩，图 12-14 为亳都—新象文化街区采用的金属荷叶墩。

荷叶墩的形象出处主要源自对自然界荷叶的观察和模仿。荷叶是中华传统文化中常见的一种植物，被赋予了吉祥、吉利的寓意，常被用来象征幸福、吉祥和团圆。

图 12-13　亳都—新象文化街区采用的砖雕荷叶墩

图 12-14　亳都—新象文化街区采用的金属荷叶墩

12.7　拴马桩

拴马桩，顾名思义便是拴马用的石桩。马、驴、骡在北方地区是一种重要的生产工具，一个家庭拥有的土地越多，所需的马匹也就越多，所以古时在北方农民的心里，拴马桩也是乡绅大户等殷实富裕之家的财富象征。同时，作为一种独特的民间石刻艺术品，它不仅具有实用价值，更承载了丰富的文化象征意义（图12-15）。

图 12-15　传统拴马桩

12.7.1 财富和地位的象征

拴马桩是过去乡绅大户等殷实富裕之家拴系骡马的实用条石，它的存在直接反映了家庭的经济状况和社会地位。拴马桩一般竖立在门前，有的还置一个上马石，与桩配套使用，其间再站立一匹高头大马，格外耀眼，显示出富贵之气，从而成为家门贵贱、尊卑的标识。

12.7.2 装饰和美化建筑

拴马桩坚固耐磨，同时，其雕刻艺术使得它成为装饰建筑的美观条石。它们常栽立在农家民居建筑大门的两侧，不仅装点了建筑，还与门前的石狮一样，彰显了主人的财富和地位。

12.7.3 避邪镇宅

拴马桩被赋予了避邪镇宅的意义。古人认为，门前立拴马桩有镇宅祈福的作用。在封建传统中，建屋盖房要看风水，以消灾避祸，祈求子孙后代人丁兴旺，升官晋爵。如果家中辟不了邪气，就会竖一块"石敢当"碣石或者立一拴马桩辟邪。

12.7.4 吉祥寓意

拴马桩的顶部常雕刻有各种吉祥图案，如狮子寓意事事如意、猴子寓意马上封侯、四方神兽寓意四方来福等。这些图案不仅美观，而且富含深意，寄托了人们对美好生活的向往和期望。

拴马桩分为入墙式和立柱式两种类型，因为空间的关系，本项目中采用的是入墙式的拴马石（图 12-16）。

图 12-16　亳都—新象文化街区采用的入墙式拴马桩

13　悠久的印记

13.1　郑州因商代亳都开启文明历史

郑州的文明史，可追溯至距今约 3600 年的商代。那时，郑州地区作为商王朝的重要都城——亳都，不仅是政治、经济、文化的中心，也是当时世界上较为繁华的城市之一。亳都的建立，标志着郑州乃至中原地区正式步入了文明社会，开启了华夏文明的新篇章。

在商代，郑州地区的先民们以卓越的智慧和勤劳的双手，创造了灿烂的青铜文明。他们利用丰富的矿产资源，发展冶炼技术，制作出精美的青铜器，如鼎、爵、斝等，这些器物不仅造型独特，工艺精湛，更蕴含了丰富的文化内涵和象征意义，成为后世研究商代社会、经济、文化的重要实物资料。

自商代以后，郑州又相继成为东周、西汉、北魏、隋唐、五代、北宋等多个朝代的重要城市或地区治所。在漫长的历史长河中，郑州经历了无数次的战乱与重建，每一次变迁都留下了深刻的印记，也丰富了这座城市的历史文化内涵。

13.2　"亳"字有历史

在郑州亳都—新象文化街区的设计中，大量参考了郑州商都遗址博物院中的考古内容与元素。其中"亳"字作为文化的核心符号，得到了深入挖掘和应用。下面将从"亳"字的起源、演变和现代设计中的应用等方面，探讨"亳"字的留存和运用。

"亳"字最早出现在甲骨文和金文中，其原始意义与祭祀、神灵等有关。在古代，"亳"是一个地名，代表着一个城市或地区，也是商朝早期的都城之一。随着时间的推移，"亳"字的意义逐渐扩大，不仅指代商朝的都城，也泛指某一地域或城市。

在汉字的演变过程中，"亳"字经历了从甲骨文、金文、小篆、隶书到楷书的多种书写形式。在各个历史时期，"亳"字的形式和意义都发生了一定的变化，但总体上保持了其基本的构型和含义（图13-1）。

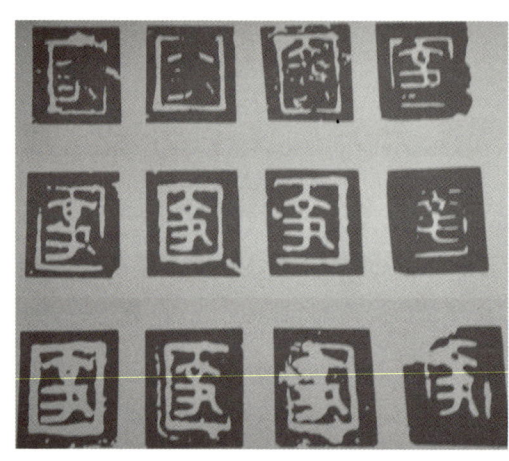

图 13-1　"亳"字的演变

在郑州亳都—新象文化街区的设计中，"亳"字作为一个重要的文化符号，被广泛应用于各方面的设计中。

在街区中心标志设计中，"亳"字作为主体造型，通过巧妙的设计手法，将传统汉字与现代设计元素相结合，形成了一个简洁、大气、具有视觉冲击力的标志。该标志既突出了文化中心的地域特色和历史文化底蕴，也展现了现代设计的理念和风格。

在建筑外观设计中，"亳"字被抽象化地运用作为屋顶、墙面的装饰图案，或作为建筑立面的主要造型元素。这种设计手法使得建筑外观既具有传统文化的韵味，又富有现代感。

在室内装饰设计中，"亳"字也被广泛应用。例如，在墙面的装饰、吊顶的造型、家具的纹样等方面，都可以看到"亳"字的元素。这种设计手法不仅增添了室内空间的层次感和视觉效果，也营造出一种浓厚的文化氛围。

13.3　历史文化的地域性

"亳"字作为郑州亳都文化中心的核心符号，其留存的意义和价值主要体现在以下方面。

13.3.1 传承历史文化

"亳"字作为商朝早期的都城名，承载着丰富的历史文化信息。通过留存和应用"亳"字，可以传承和弘扬商朝的历史文化，增强人们对于地域文化的认同感和自豪感。

13.3.2 彰显地域特色

"亳"字作为地域性的文化符号，具有独特的地域特色。通过将"亳"字应用于文化中心，提升了文化中心的形象和辨识度（图 13-2）。

图 13-2 "亳"字应用

13.3.3 创新现代设计

将"亳"字应用于现代设计中，是一种创新的尝试。通过将传统汉字与现代设计元素相结合，可以创造出既有传统文化底蕴又有现代感的艺术作品，推动现代设计的发展和进步。

13.3.4 教育与启示

通过留存和应用"亳"字，可以教育和启示人们对于传统文化的重视和保护。通过了解和认识"亳"字的历史渊源和文化内涵，可以激发人们对于传统文化的兴趣和热情，促进传统文化的传承和发展。

通过对"亳"字的起源、演变和在现代设计中的应用等方面的探讨，可以看出，"亳"字的留存和应用在郑州亳都—新象文化街区中具有重要的意义和价值。通过传承历史文化、彰显地域特色、创新现代设计和教育与启示等方面的作用，可以推动传统文化的传承和发展，促进现代设计与传统文化的有机结合和创新发展。

13.4 传统的影壁墙

无论是皇宫紫禁城，还是皇家园林别宫，乃至京城的大街小巷，都可以看到影壁的身影。影壁，词典上释为：大门内或屏门内做屏蔽的墙壁。大门内的"一"字形影壁，距门内一丈余，可分为独立影壁和座山影壁。独立影壁是一堵独立的墙壁；座山影壁是在厢房的山墙上直接砌出来的影壁形状的墙，影壁与山墙连为一体。

影壁出现于何时尚无明确的考证，根据考古发现，影壁在中国西周时期便已经存在了，在陕西省发掘的一处西周建筑遗迹中有一座影壁的残迹，残迹长240厘米、高20厘米，这是中国至今发现最早的影壁。

影壁的建筑材料主要有砖、瓦、石材、木料、琉璃等种类，主要由壁座、壁身、壁顶三部分组成。考究的影壁，壁座用砖、石雕砌成须弥座；壁身砌出框架，框芯表面用一尺见方的方砖或琉璃砖斜向45°铺砌，中心和四角可用琉璃或砖雕成吉祥词语或花卉，如"福""寿"等字，或花鸟动物，寓意吉祥；壁顶上装筒瓦，用砖或琉璃砌成檩、椽形状，有硬山式、悬山式、歇山式、庑殿式等。图13-3为现代中式民居影壁墙。

图 13-3　现代中式民居影壁墙

13.5 墙面雕刻传统文化

亳都—新象文化街区最吸睛的画面位置在1#院东山墙，在这里布置了一座传统的坐山影壁。该影壁高6.6米，宽6.8米，体量还是非常大的。采用传统影壁制式，顶部采用庑殿顶四面坡形式，脊上设置脊兽与跑兽，屋檐下斗砖雕斗拱承托，两侧砖雕竹节与苍松虬干用力支撑，下部采用传统的高规格须弥座作为底座。整个影壁形态端庄，制式高端，雕制精美（图 13-4）。

影壁中心画面立体感强烈，以王亥为中心，由黄河、松树自然将画面分为伏牛、耕种、贸易 3 个主题画面（图 13-5）。画面由远山和黄河的浮出交替出远景画面。耕种与贸易的画面利用浅浮雕的手法形成了第二层次的画面，清晰地衬托出了王亥的形象，表明了画面的主题。

前景的伏牛故事内容与上述两个故事形成了丰富的故事画面，将

图 13-4　1#院东山墙坐山影壁

图 13-5　《王亥伏牛》影壁画面

王亥的形象合围，主题与故事画面通过比例关系与雕刻深度的关系使得王亥的形象居于画面正中，形象更加高大与突出，主题鲜明，表达清晰。

黄河的形象点明了郑州与河南居于中原的中心，是中华文明发源地的明确地位。黄河的雕刻充分展示了其"黄河之水天上来，奔流到海不复回"的滔滔气势。

右下五叶树在中原地区常见树种有五叶槐和榉树等。五叶槐分布

于北京（景山）、河南、山东、河北以及辽宁沈阳以南地区。榉树的叶子呈椭圆形，一般树高可达 20 米，树径在 1 米以上。这几个树种都是中原地区传统的绿叶乔木，具有代表性。

兰花是花中"四君子"（梅、兰、竹、菊）之一，具有美观、高雅、冰清玉洁的寓意。

左下角设计的迎客松，树冠如伞盖，为这片大地遮风挡雨，枝干如宽阔的胸怀迎接八方来宾。同时，松树长青，寓意长寿与久远不变的情谊。松下与画面底部盛开的月季花，犹如美丽的花神，代表着郑州的城市环境与热情朴实的性格。

整个画面宏大开阔，远、中、近各个画面层次分明，主题突出。配合雕刻的浅、深，以及圆雕的各种手法，充分展示了《王亥伏牛》的历史画卷。作为亳都东巷文化街区第一个区域的重点画面，可谓是设计独特、精雕细琢、观感极佳的砖雕影壁之典范。

13.6　10# 院影壁墙——桑林祈雨

《吕氏春秋》记载，昔者商汤克夏而正天下，天大旱，五年不收。

图 13-6　原插屏式影壁方案

汤乃以身祷于桑林曰："余一人有罪，无及万夫；万夫有罪，在余一人。无以一人之不敏，使上帝鬼神伤民之命。"于是剪其发，磨其手，以身为牺牲，用祈福于上帝。民乃甚说，雨乃大至。

这个插屏式影壁的内容原计划安排在 10# 院与 11# 院之间，因为空间不足，暂时搁置了，稍有遗憾（图 13-6）。

相传商汤即位不久，就遇上了持续五年的大旱，看着天下人民生活在水深火热中，商汤心急如焚。于是，他决定组织一场盛大的祭天仪式，由他亲自祈雨。他带领群臣们来到一个叫桑林的地方，筑高台，商汤登上高台身披白茅草，点起柴堆，把自己献祭于天，终于感动上天，顿时狂风大作、浓云密布、电闪雷鸣、天降吉雨，水流成河。

13.7 1# 院廊心墙的设计历程

整个街区以南广场作为开端，1# 院的位置就非常重要了，随着南广场地铺方案的美化，及 1# 院坐山影壁的徐徐展开，使得整个街区直接达到了一个高潮。因此，1# 院任何一个环节的设计与建设都是最重要的。在廊心墙的砖雕内容上也是反复斟酌，经过几易设计稿件，终于确定了一组雕工细腻、格调高雅，但是内容内敛的方案。

13.7.1 第一方案——"玄鸟生商"

《诗经·商颂·玄鸟》载："天命玄鸟，降而生商，宅殷土茫茫。"不仅把契歌颂为商王朝事业的开拓者，而且美化为自天而降的神奇人物。因此，简狄吞食玄鸟卵而生契的神话传说为商人所传颂。

《史记·殷本纪》中对简狄吞玄鸟卵而生殷契的情节描述得更加清晰，"殷契，母曰简狄，有娀氏之女，为帝喾次妃。三人行浴，见玄鸟堕其卵，简狄吞之，因孕生契。"

契长大后，果然成为一个有胆有识的人物，在尧、舜的宫廷中做了掌管教育民众的司徒。在他做司徒期间，国内的道德风貌大大改观，父母慈爱，子女孝顺，兄弟们团结友爱，夫妻间相敬如宾。契还曾经帮大禹治理洪水，表现得极为出色，受到了禹的赞赏。

"玄鸟生商"的故事内容饱满，内容架构合理，叙述起来非常有吸引力，第一稿大家讨论后感觉设计的细节太繁杂，尤其是简狄的画面细节太过丰富，且两幅画面从人物比例到内容关系都不太成比例。第二稿简化了很多的内容，使得主题比较突出，从画面观感上能有

图13-7 "玄鸟生商"廊心墙一稿

图13-8 "玄鸟生商"廊心墙二稿

一个不错的认同度（图13-7、图13-8）。

最终经过推敲认为，这个图案内容非常大气，具有历史和文化的更多影响，但是这个空间不足以展示这么大的内容与含义。

13.7.2 第二方案——"博古图"

博古即指古代器物，由《宣和博古图》一书而得名。北宋大观年间，宋徽宗命人编绘《宣和博古图》一书，全书共30卷。书中收录了宣和殿所藏商至唐代铜器800余件，因集宋代所藏前朝青铜器之大成，故名博古。后来，博古一词的含义有所扩大并加以引申，凡是在工艺品上装饰鼎、尊、彝、瓷瓶、玉件、杂宝、盆景、琴棋书画等题材以及添加蔬果作为点缀的纹样，皆以博古名之，寓意清雅、高洁。

博古纹的出现使中国传统的装饰纹样又增加了一个新成员。这种题材自宋代产生后就广泛地出现在各种工艺品上，然而博古纹应用于瓷器装饰的历史并不长。据现有资料，博古纹作为瓷器装饰纹样兴起于明万历至崇祯年间。明万历、崇祯时期饰有博古纹的瓷器数量非常有限，目前所见多为青花和五彩器物，纹样多以花瓶、花架为主，构图简约，绘画技法不高，纹饰多变形夸张，也没有形成定型的纹样。

清道光以后，尤其是鸦片战争以后，中国不断遭受西方列强的侵略和疯狂掠夺，经济萧条，国势日衰。以景德镇为中心的中国制瓷业日趋衰落，具体表现在瓷器质量下降，数量锐减，总体艺术水平不高。在这样一个瓷业衰败的大环境下，博古纹的发展也呈下滑之势。然而，中国近代瓷业虽不断沉沦，但是聪明的陶艺家仍创造了许多不朽之作，犹如黑夜里露出的点点星光，因此近代的瓷器仍有许多可圈可点之处。博古纹的发展也是如此。

清光绪时期处于新旧社会制度的更替之中，这种社会巨变反映在文化艺术上，表现为既有对传统的继承，又有在此基础上的创新。因此，清光绪时期的博古纹的发展趋于多样化。依据装饰风格的不同，将其分为两类，即古代界画风格的博古纹和油画风格的博古纹。

既然确定了以博古图内容为廊心墙的内容，就明确了方向。第一个博古图的设计稿，属于复古式的，内容为清式多宝格博古架，分格多且碎。多宝格内雕刻的宝物繁多，整体画面没有主次关系，主题不明确，被舍弃。

最终选定1#院廊心墙博古砖雕图案，块块青砖上采用浮雕、高浮雕、镂空雕、多层镂雕等工艺手法雕绘出博古、文字、花卉、果实等，交代得干净利落，一丝不乱，尤其那些博古图案立体感极强，透视关系处理得非常完美，就连炉、瓶鼎薰上的细部花纹，都雕得清清楚楚，实乃大家手笔（图13-9）。另外，博古图案本身就带有书卷气，此景更是构图典雅，颇为脱俗。

图13-9 博古图定稿

13.8　17# 院西侧外墙面

从北广场回望,看到的是主街巷两侧 16# 院主体面与 17# 院的侧立面,建筑立面具有非常精美的木雕与比例恰当的体量关系,整个广场简洁明快,与建筑立面相交一繁一简,相得益彰。

17# 院西外墙的砖雕为一个小重点,整体墙面中间布局两侧对称。外观大气,但不失雅致。整个造型采用"天圆地方"的理念,中间团花图案代表团团圆圆,底采用正交斜方格造型,寓意天地相交同时像包袱一样能兜住各种吉祥祝福。四周角花采用博古形的连续纹样,既说明格调高雅又代表祥瑞不断。整个造型用连绵的回纹组成的边框,喻示祥瑞连绵不断,幸福久昌(图 13-10)。

图 13-10　17# 院西侧外墙面方案

14　门饰艺术

中国古建筑的门，一般都是按照礼仪制度来设置的，因此古建筑的门也代表着身份、地位的卑尊关系，门上面的装饰也关系着建筑等级。城门、大门、二门、园门、台门、坊门、拱券门、垂花门、棂星门等，位置不同，作用不一。郑州亳都—新象现代都市文化商业街区中有几个特别漂亮的门，分别是儒风广场的最美打卡地——文庙外侧的垂花门、玄武庙位置的砖雕门楼和 11# 院与 12# 院之间巷子里的拱券门。

14.1　垂花门

俗话"大家闺秀大门不出，二门不迈"中的二门，就是指的宅门中的垂花门。垂花门用垂莲柱加深出檐不占地面，很符合二道门的功能需要。妇女们在此寒暄、行礼、殷殷话别需要一定的空间，如果两根檐柱落了地，那门前活动地面就要受到很大的局限，用不落地的垂莲柱，地面就宽敞多了，上边有遮阳挡雨的屋顶，再加上华美的垂花门的衬托，环境、气氛均极恰当。

垂花门的形象，可以说是中国建筑浓缩、精华的集锦。构成中国建筑的要素、构件、装修手法等，它几乎全都具备，屋顶、屋身、台基、梁、枋、柱、檩、椽、望板、封掺板、雀替、华板、门簪、联楹、版门、屏门、抱鼓石、门枕石、磨砖对缝的砖墙等一应俱全。各种装饰手段，如砖雕、木雕、石雕、油漆彩画都有使用，相衬得体，十分华丽悦目（图 14-1）。

本项目中采用的是独立柱担梁式垂花门（图 14-2），这是垂花门中构造相对简洁的一种。该垂花门只有一排立柱，梁架与立柱十字相交，挑在柱的前后两侧，梁头两端各承担一根檐檩，梁头下端各悬一

图 14-1　北京中山公园的垂花门

根垂莲柱,从侧立面看,整座垂花门形如樵夫挑担,所以又被形象地称为"二郎担山"式垂花门。结构虽然相对简练,但是该垂花门仍然属于官式做法的一种,在这个环境中能有效地与身后的文明建筑相映衬,也必将是这个街区美丽的打卡地。

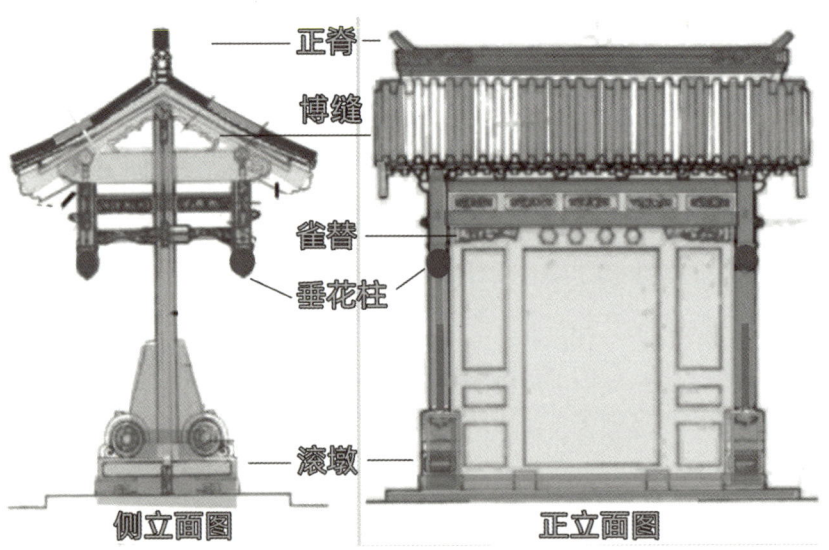

图 14-2　独立柱担梁式垂花门

14.2　玄武庙砖雕门楼

玄武庙又称玄帝庙、真武神。真武神是由中国古代对四方四神之一玄武神的崇拜演变而来的。从先秦时期的玄武崇拜到宋元时期道教提倡的玄帝信仰,可以说经历了一个长期的演变过程,这一过程大致分为三个阶段,即从玄武将军到真武真君再到玄天上帝。南宋中后期,道教界已普遍地应用"玄帝"一词。真武的神圣地位由"真君"提高为天帝。

玄帝还被称为荡魔天尊、雷部之祖、治世福神、三教祖师等,神通广大,无所不能,引起了朱棣及其谋士姚广孝的关注,于是就有了明建文元年(1399年)燕王起兵誓师时的"玄帝显相",更是要把玄帝保佑燕王靖难的神话用建筑的形式固定下来,并千秋万代流传下去。因此,明成祖朱棣修建的武当九宫八观,绝大多数正殿里都供奉着玄帝神像。

根据《郑州县志》记载,玄武庙始建于清康熙年间,位于文庙东侧,当时称真武庙,乾隆年间改称玄武庙,嘉靖年间又称玄帝庙,民国时期该庙已不复存在。参照考古结果,我们在原玄武庙的位置设置了一组景观,其中最有特色的就是具有北方传统样式的砖雕门楼(图14-3)。

图14-3　玄武庙门楼效果

传统建筑中,砖雕门楼起着防卫、装饰、美化生活的作用,是物质文化,同时也是以物寓意,表达宅主一定的思想、意志和情趣的精神文化。例如,吴宅门楼上的装饰图案十分丰富,取材极为广泛,有花卉、鸟兽、人物、建筑、林木、山水、几何形纹,以及题款、诗词、印章等内容。纵览吴宅砖雕门楼的装饰形式,可以发现几乎每处都含有一定的吉祥寓意。吉祥，是吉庆祥瑞之意，表示政治清明、天下太平、四季和顺、五谷丰登、福禄喜庆、长寿安康、诸事顺利、万象更新等，它是中华民族千古永恒的主题。

中国的吉祥文化源远流长，博大精深，题材内容广泛，包括政治、经济、风俗、历史、宗教、文学和民间传说等。据有关专家学者对中国吉祥图案的研究认为，吉祥图案是由我国的吉祥文字演化而来。我国商周以前，包括新石器时代晚期在内，是一般图案占统治地位，如彩陶上的花纹图案，有许多与古代的图腾意识相联系，工艺装饰自然地表达原始先民的一种祈求保佑、祈祷丰收、追求吉祥的愿望。汉以后直至近代，吉祥图案成为主要装饰纹样。

14.3 拱券门

拱券门的形状本身就非常优美，很多拱券门的洞边缘，即券脸等位置还常装饰雕刻，拱券门实用性中更添艺术性和观赏性。

拱券门的起源还是比较早的，在西汉至东汉时期，世上已有较多的拱券结构，目前有足够的考古证据表明，拱券技术与拱桥的起源和地下或地上的陵墓建筑有着密切的关系。

20世纪30年代，梁思成先生曾撰文说，我国历史上最早的拱券实物来自周汉陵墓。当时考古发掘的洛阳韩君墓，建于战国末年（公元前250年左右），墓门为石拱。2008年，在汉长安城遗址发现了筒拱状的地下通道，其全部由青砖卯咬相扣，保存完好。

图14-4 赵州桥

隋朝才开始出现石拱桥并流传至今。据方志记载，隋开皇四年（584年），在河南临颍建成小商桥。该桥是一座与赵州桥（图14-4）类似的单孔石拱桥，经历代修葺维持至今，现为全国重点文物保护单位。

拱券桥仅是拱券的一个建筑形式，其实更多的是拱券门。有研究表明，拱券门早先脱胎于城墙的门洞，后发展成单独的门形式，再后来随着佛教的传入，与佛教结合形成了壸门。在宋代李诫所编的《营造法式》中写作"壸门"，是一种佛教建筑中门的型制，也是一种镂空的装饰样式。作为佛教建筑中门的型制的壸门是随佛教传入中国的，而作为装饰样式的壸门自商代就已经在本土出现。中国古代建筑史学专家张驭寰认为，"壸门实际上是佛教常用的佛龛，将龛窟形象取下，进行线刻，就出现了壸门"（图14-5）。

图14-5　壸门演变过程

14.4　拱门文化象征意义

在中国古代，拱门常被称为月亮门，其圆形设计象征着"圆融、圆满"，体现了中国人追求和谐与完美的传统价值理念。

本街区中拱门的设计巧妙营造了空间的层次感，使景致更加立体、深邃，符合国人的传统审美情趣（图14-6）。

拱券的雕刻内容是赏月，左侧为主要画面，

图14-6　拱门

内容是一书童抱琴,神态踞恭地跟在主人身后,主人观月,似有沉思默然不语,又似隐约地倾听右侧画面弹琴者的琴音。抚琴者背靠竹林,环境清幽,能映出琴音之高雅。

左侧画面也比较丰富,茂密的柳荫遮蔽着茅亭一座(在深山中能赏月的位置一般为公共建筑,故为亭,亭的做法有简单的柱础是合理的),茅亭的结构较为简单,但是因为亭作为公共建筑形式,一般采用官式做法,茅亭的做法中有简单的柱础是合理的。

左右之间的画面靠中间的云遮月联系起来,加上背景的远山近水,组成了一组整体协调的画面。

14.5 门脸的寓意

拱券式的门脸在中原地区有很多的可参考物。我们考察过一组传统建筑:秦氏旧宅。该宅二层门脸采用的是拱券形式,门楣使用砖雕工艺,雕刻出了房檐下的斗拱结构与麒麟献瑞的荷叶墩,两侧采用毛笔形态的垂柱,笔杆还雕刻有竹节,喻示这个家族以文章为传承,保持家族坚韧清廉的家风(图 14-7)。

图 14-7 秦氏旧宅砖雕门脸

在 12# 院和 13# 院的外墙面，有部分拱券式的门脸，设计制作也是非常的精美（图 14-8）。

图 14-8　12#、13# 院拱形门脸

12# 院门联系三个拱门形式的门脸，门脸的雕刻非常有可读性，屋檐采用的是传统建筑单檐形式，有一层屋面板和方椽，方椽下方的两侧各有一组三福云斗拱作为支撑，这就形成了一个完整的屋宇结构。两组三福云斗拱之间的枋板上分隔成了三组雕刻图案，从左到右分别是石榴、佛手和寿桃的图案，这三组图案的含义分别是多子多福和财源广进、福寿、幸福长寿，这三组图的内容很明确是"福、禄、寿"。同时按中华文明的解读"一生二、二生三、三生万物"，"三"这个数字就代表了众多的含义。

再看两组垂柱，似竹节又似笔杆，代表着富有文化与不屈的精神，垂柱下方的莲花柱头代表着和谐美好。垂柱两外侧各有一夔龙相护，内侧则是连绵的蔓草纹，代表着幸福不断。

15　现代离不开优美

亳都—新象文化街区共计 15 个院子，院子分布东西两侧形成南北向的主街，南北两个院子之间形成较小的巷道。在南北两端靠近城市道路形成了南北两个开放型广场，从南北广场沿主街往里走分别是"儒风广场"和"亳丘广场"。其中"儒风广场"向西看，正对着文庙大成殿的山墙。大成殿两山的博缝是采用三彩釉烧制而成的琉璃饰件，上面镶嵌着玉皇大帝、如来佛祖以及三国故事中的戏曲人物，是国内罕见的。顶部有三彩釉烧制的琉璃拼制的悬鱼，十分珍贵少见。之前因文庙周边不具备观赏条件，如此精美的文物只能从侧面回望，现今自成一景，在游览的间隙不经意地抬头望去，惊艳了时光和双眸（图15-1）。

图 15-1　郑州文庙大成殿的山花与悬鱼

街区的南广场退后城市道路 40 余米，向东望去是跨越 3000 多年的城垣遗址，向西望去是文庙的前广场，节庆日可以联动，向南望去是郑州商都遗址博物院，无声地诉说着这块土地的前世今生。南广场中的地雕、牌楼、唐代铸造遗迹的展示以及现代化的旱喷等景观元素，让游客置身其中，仿佛穿越了历史。

为符合商业需求及立面虚实结合的设计要求，本项目的门窗较为高大，首层门窗最高为 4 米以上。为了保证通透的视觉效果，门窗框无法等比例放大，故而通过全国实地考察多家门窗厂家，最终确定部分门窗采用精制钢极窄门窗。

首先是院落主题文化。在这个项目中，每个院子都有一个主题。院子本身就是交流的场所，河南传统的居住生活就是围绕院子进行的。因此，院落商业的场景非常有利于旅游传播，并且打造开放式的街巷、外廊和院子等灰空间让游客放松体验，和商家的经营相互促进。每个院子都可以单独进行场景打造，使得游客有了停留的机会，也更符合深度休闲度假的发展方向（图 15-2）。

图 15-2 街区院落布局

其次是演绎和景观的结合。互动式的景观雕塑小品等，偏向社交属性，具有高效传播的特质，而二次传播和沉浸式体验相辅相成，有利于形成口碑效应。场景设计以美学空间、美学内容、美学事件三个层次增加体验感，打造新兴的消费场景。从生活方式上强调人性化、体验化、丰富性和多维互动，打造自然与艺术、历史与现代、年轻与时尚、文化与创意的更具社交属性和体验驱动型社交性商业美学场景。

最后是灯光的氛围营造。建筑泛光照明和景观照明联动设计，并且形成平日、节假日、黄昏、深夜等多种模式，既可丰富不同场景，也可节省运营成本。同时，景观特意选择了多棵特大乔木，其丰富光影和枝丫的独特场景营造，也让人印象深刻。建筑的轮廓灯、洗墙灯、投光灯、瓦楞灯、廊下灯、墀头灯、灯笼等多样化设计，不仅勾勒了建筑的轮廓，展现了建筑之美，更增强了游客的氛围感，尽量见光不见灯的设计也尽显高级。整体照度和色温设计、安装距离及角度均进行了推敲，以达到沉静、内敛、雅致的氛围，夜晚朦胧的美给予游客无限的想象空间（图 15-3）。

图 15-3　街区夜间氛围

16　流光溢彩的玻璃墙

　　传统民居受限于材料等原因，大部分室内的空间较小，不太适合商业功能的需求。因此，在本街区的规划设计中，为保证符合现代使用需求，柱网和层高都进行了适当的推敲，并且在外立面进行分段设计，通过进退关系、面宽进深变化形成丰富的体量关系。

　　也因为，亳都—新象文化街区东连城桓西邻文庙，受限于文物保护的需求，整个项目以二层为主，少量院子为三层。首层层高在 4.5 米左右，二层到檐口在 3.4 米左右，屋面举折符合当地民居"一丈起三尺"的制式，故相对空间较高。柱子根据平面布置尽量减少，柱距为 8～9.6 米，根据商铺划分和墙体布置，尽量减少无依附的柱子出现。

　　亳都—新象文化街区为历史文化风貌街区，故在传统建筑的基础上，设计巧妙地加入了玻璃幕墙、玻璃砖、光电玻璃、金属幕墙雨棚等，形成新旧融合的风貌（图 16）。

图 16　建筑玻璃应用

161

为了在亳丘广场形成视觉焦点，在正对广场的金属幕墙中镶嵌光电玻璃，可以实时播放影片。在对比了多个厂家和已经建成的案例后，采用了光电发光膜，并且结合玻璃和膜的尺寸，在分割上做了类似窗棂的图案。

17　斑驳的树荫

传统建筑的小青砖和灰瓦形成了最据代表性的建筑色彩。其中,大部分小青砖的材质选择偏暖,与古城垣的黄色相呼应;灰瓦的制式远低于文庙的琉璃瓦,显示了低调、谦逊的特点;木制的纹理清晰自然,触感柔和,色彩淡雅;局部点缀的红灯笼显示出喜庆、欢快的场景;临近文庙栽植的一池翠绿的竹子,在红色的院墙上影影绰绰,是打卡拍照的好去处。

17.1　拐弯抹角

在两个巷子交错的地方,建筑的拐角处非常奇特,地基和最上面的檐角都是直方的拐角,而中间的角却硬生生地给切去了,这就是建筑学中的"拐弯抹角"。拐弯抹角是因为街巷狭窄,为了方便行人行走,防止磕碰,所以在盖房子的时候,砌成了斜角(图 17-1)。

图 17-1　古街巷中的拐弯抹角

在比较有历史的街巷里，还经常能碰到这样的做法。这既是古代劳动人民善良谦让的美德，又是传统建筑中的技术智慧。这些优秀的内容后人一直在学习。在本街区，为了让人们仍然记得我国传统的品德和做人的智慧，我们在街区也制作了一个拐弯抹角的墙角（图17-2）。

图 17-2　街区中的拐弯抹角

17.2　谦让石

人们在很多的传统村落里能够发现，在狭窄的巷子里的水渠上，往往不远就有一块青石探出来，伸到水渠上方，这种结构的石板就叫谦让石。谦让石的作用就是当对面有人过来时，可以踩在石板上让对面人通过，为了弘扬礼让美德，故曰谦让石。一块石头本不重要，但却包含了居民谦让的中华民族传统美德（图17-3）。

亳都—新象文化街区的街巷很窄，而巷子街面两侧还有露天的水渠穿过，这让小巷更加狭窄。我们设计的明渠

图 17-3　徽州宏村古巷里的谦让石

17 斑驳的树荫

是通过每一个街面门面的，取青石一块，搭在门边，既解决了明渠流水的连续性，又宣传了传统文明中谦让的精神（图17-4）。

17.3 天井

中国传统建筑中，由屋顶四周坡屋面围合成一个敞顶式空间，形成一个漏斗式的井口，这就是天井。

天井是徽派古建筑的典型特色，古徽州人多经商，所以他们相信风水。一进入徽州人的民居，一般都会有一个天井，两层多进，各进皆开天井（图17-5）。天井除了通风、透光、排水，还寓意着"四水归堂"和"肥水不外流"之意，也就是风水中的聚财。

图17-4 亳都—新象文化街区的水渠与谦让石

图17-5 徽州潜口宅院天井

在北方的传统住宅也要有一个庭院，其实北方的庭院与南方的天井在本质上的作用是相通的。例如，山西的民居为了能在黄土高原上获得更多的水，特意把建筑改造成半坡顶，遇有雨水都能汇集于庭院中的集水窖中。

天井之所以能够流行于大江南北、传承千百年，是因为其强大的

165

图 17-6　街区 13# 院天井

实用功能和不可小觑的风水意义。在功能上，天井可以使屋内光线充足、空气流通；在风水上，天井可以营造"四水归堂""藏风聚气"的格局。

亳都街区的天井随街区自然展开，每个院落有三围院落，也有四围院落布局，个别的采用街道铺面的布局，院落大小不一，宽窄不同，别有趣味（图 17-6）。

17.4　瓦当滴水

瓦当是指中国古代建筑中覆盖建筑檐头的筒瓦前端遮挡的构件。

图 17-7　瓦当滴水系统（北京北海）

滴水是板瓦屋面在屋檐位置板瓦最前面的构件，顺着板瓦的凹弧面做成了三角状的装饰面，便于雨水汇集滴落。

完整的屋檐滴水系统包括瓦当、滴水、顶帽等（图 17-7）。

17.4.1　保护作用

瓦当位于屋顶筒瓦之端，屋檐椽头之上，主要作用是阻挡雨水回流，以免屋檐椽木浸水腐烂，从而保护木制飞檐和美化屋面轮廓。

17.4.2 装饰美化

瓦当的图案设计优美,字体行云流水,极富变化,包括云头纹、几何形纹、饕餮纹、文字纹、动物纹等,这些精美的图案和文字不仅增加了建筑的美观,还体现了中国古代文化艺术。

瓦当的使用可以追溯到周代,经过春秋战国时期的繁荣发展,在秦汉时期达到鼎盛,并一直沿用至今。瓦当的形状多为圆形或半圆形,其上常饰以浮雕纹样,如动物、植物或篆隶文字等,尤以龙、鹤为多,古朴雅致,苍劲雄浑。图 17-8 为秦代的遮朽(与瓦当作用相同)。

此外,瓦当上的文字和图案也具有一定的象征意义和文化内涵,反映了当时的社会生活和思想观念。

图 17-8　秦代的遮朽(与瓦当作用相同,摄于北京古代建筑博物馆)

17.4.3 古为今用

本项目以"城墙脚下一隅文化院落、都市当中一方自在天地"为目标,打造既具备强文化调性、强休闲属性,又有城市烙印的文化商街。为此我们为这个街区设计了很多文化相关的构件,在瓦当滴水的图案上是做得最多的。

传统建筑就像一部史书,书上的每一个文字都诉说着悠长的故事,古建筑上的一砖一瓦都刻画着不朽的文化。本项目中设计了 8 种滴水、6 种瓦当的纹样,这些纹样都采用了古为今用的思想,从古代的优秀纹样中找素材,在传统的文化里寻找灵感(图 17-9)。

图 17-9 部分瓦当滴水的图案定样

17.4.4 排水也出彩

在中国古老的建筑艺术中，排水系统的设计巧妙而富有智慧，它不仅仅是一项实用的工程技术，更是融入建筑美学和环境和谐的精髓所在。

传统建筑的排水系统包括瓦屋面、天沟、水喉、排水渠、排水口等，下面简要介绍天沟、水喉、排水渠和地面排水口的变化。

亳都—新象文化街区的雨水排放均直接与街巷中的水渠相对应（图17-10），这样在雨天就可以形成一个小景观。

图 17-10 雨水直接排入水渠

18 "文曲星"在隔壁

亳都—新象文化街区，其独特的魅力不仅源于其独特的建筑风格和景观设计，更源于其深厚的历史文化底蕴。东侧的商代城墙，距今已有 3600 年的历史，默默诉说着这座城市曾经的辉煌和荣耀。而西侧的郑州文庙，则是国宝级古建筑，以其古朴庄重的建筑风格和深厚的历史文化底蕴，诠释着中华民族悠久的历史和灿烂的文明。

在项目建设之前，经过专业的考古发掘和研究，已经证明本地区具有多个历史朝代的文化遗迹，这为亳都文化街区的历史文化来源提供了有力的证据。这些历史遗迹不仅是建筑和遗址，更是人类文明和智慧的结晶，是中华民族宝贵的精神财富。

在这个美丽的街区，不仅可以感受到古代建筑的美学风格和历史文化的积淀，还可以了解到商代城墙和郑州文庙等历史古迹所承载的丰富故事和文化内涵。这些故事和文化内涵，不仅是中华传统文化的瑰宝，更是中华民族生生不息、发展壮大的精神动力。

郑州亳都—新象现代都市文化商业街区，原本是一个商业街区，为何称为"都市文化"，原因就在毗邻的全国文物保护单位——郑州文庙（图 18-1）。

我们国家很多地方都有文庙，文庙是纪念和祭祀我国伟大思想家、政治家、教育家孔子的祠庙建筑，在历代王朝更迭中又被称作夫子庙、至圣庙、先师庙、先圣庙、文宣王庙，但以"文庙"之名更为普遍。由于孔子创立的儒家思想对于维护社会统治安定所起到的重要作用，历代封建王朝对孔子尊崇备至，从而把修庙祀孔作为国家大事来办，到了明清时期，每一州、府、县治所在地都有孔庙或文庙。

文庙其数量之多、规制之高，建筑技术与艺术之精美，在中国古代建筑类型中，堪称是最为突出的一种，是中国古代文化遗产中极其

图 18-1 郑州文庙俯视图

重要的组成部分。其中,南京夫子庙、曲阜孔庙、北京孔庙和吉林文庙并称为"中国四大文庙"。

需要强调的是,"庙学合一"是文庙的核心属性,文庙绝不只是祭孔场所,或者说不是直接用"庙"就可定义的。体现在建筑上,"庙"的中心建筑是大成殿,"学"则是明伦堂,以这两座建筑的位置关系,文庙最常见的三大格局为左庙右学、左学右庙和前庙后学,还有极少见的前学后庙以及一些地方变通的中庙两学甚至中庙三学等。其中,左庙右学和左学右庙均为庙学两路建筑,体现在建筑群里便是两路规制大致对应的建筑群,大成殿前面有戟门(大成门)、棂星门两道门,明伦堂前则为仪门、学门两道门,这是最常见的情况。前庙后学则是将庙学并为一路建筑群,但也多有在左或右另建一道学门以暗合庙学两路的情况。

郑州文庙,始建于东汉明帝年间,距今已有1900多年的历史。它位于郑州老城东部的东大街上,这里历史文化氛围浓厚,是商城历史文化区内的重要人文景观之一。郑州文庙是在古代战火中幸存的一组建筑，它历经数次战火洗礼，又历经数次修缮，最终得以保存。现在的郑州文庙是于2006年6月10日复建。恢复建设后的文庙南北长181.5米，东西宽45～48米，由牌坊、泮池（泮桥）（图18-2）、棂星门、名宦祠、乡贤祠、大成殿、东西庑房、碑廊、古井和尊经阁组成。

图18-2　郑州文庙泮桥

文庙是祭祀孔子的庙宇，也是古代官府学堂的所在地，文庙一方面发挥着礼制的作用，另一方面发挥着教化的作用。每当古代社会的科举之年，各地学子赶考中举后，本地中举学子回到家乡必须先到当地文庙祭拜孔子，然后就可以堂堂正正地行走在泮池上的泮桥上（未中举的学子是不能在泮桥上通过的，只能走两侧），通过戟门时再正衣冠，步入大成门进入大成殿恭谨祭拜后，行至后面的尊经阁，由当地文坛名宿披红（相当于在当地的文人榜单注册）后，让中举学子再去魁星楼（抑或文昌阁、唱经楼等，各地不同）祭拜文曲星，最后由本届中举学子中名次最高者领唱传统经卷（四书五经）。

文庙建筑是一个地方历史文化传承的重要代表，而郑州文庙是亳都—新象文化街区最重要的文化发源地，是本街区文化组成的最大依仗。

通过这个街区的建设，人们可以发现，整个街区的民居建筑风格极好地衬托出了文庙官式建筑的高耸威严，也有力地把商代土城墙的历史文化余脉与明代文庙有机地结合了起来。徜徉在这个街区中，能呼吸到历史的韵味，却没有几千年传承的文化压力。让人们感受到亳都—新象文化街区与商代城墙和文庙的文化关联，不仅仅是一种地理上的毗邻，更是一种历史文化的传承和发扬。它告诉人们，一个城市的历史文化底蕴，不仅仅来源于历史的沉淀和积累，更来源于人们对历史文化遗迹的保护、传承和发扬。图18-3为儒风广场效果图。

图18-3 儒风广场效果图

结　语

郑州，这座位于中国中原腹地的古老城市，自古便是华夏文明的重要发源地之一。其辉煌的历史篇章，自商代亳都的建立而翻开，历经数千年的沧桑巨变，见证了无数朝代的兴衰更替，也孕育了丰富多彩的文化遗产。今天，当我们漫步在郑州亳都—新象现代都市文化商业街区，不仅能感受到现代都市的繁华与活力，更能从那些融入历史元素与传统建筑特色的文化街区中，窥见这座城市深厚的历史底蕴与文化魅力。

随着郑州城市的不断发展和人们对文化生活需求的日益增长，郑州的文化街区建设也将迎来更加广阔的发展前景。未来，郑州的文化街区将继续坚持历史元素与传统建筑元素融合的原则，注重保护历史文化遗产，挖掘文化内涵，提升文化品位，努力将其打造成为集文化传承、旅游观光、休闲娱乐于一体的综合性文化空间。

随着《亳都新韵——街区文化》一书的出版，也说明这个街区的工作暂告一段落了。通过几次专业性的活动，古建筑行业的李永革老师、刘大可老师和张峰亮老师等一众前辈都给予了极高的评价。原国家文物局副局长张柏老师欣然提笔为本书作序。本书的编写主要基于街区建设过程的总结。本书由中建八局第二建设有限公司徐庆迎、张勇、李雯合著，徐庆迎负责编写第 5～9 章，约 3.9 万字；李雯负责编写第 10～13 章，约 3.4 万字；张勇负责编写其余各章与统稿工作。程凤娇和刘清两位同志为本书的图片整理提供了大力支持，在此一并表示真挚的感谢。本书难免有疏漏之处，请各位读者给予指正。

张　勇

2025 年 4 月

参考文献

[1] 马玉鹏.郑州商城遗址保护[M].北京：科学出版社.2017：31.

[2] 楼庆西.中国古建筑二十讲[M].北京：生活·读书·新知三联书店，2004：205-287.

[3] 梁思成.哲匠随笔[M].北京：中国建筑工业出版社，1991：12.

[4] 嘉禾.中国建筑分类图典[M].北京：化学工业出版社，2008.

[5] 邓才学.建筑杂谈[M].北京：中国建筑工业出版社，2017：271.

[6] 张勇.构件不语：中国古代传统建筑文化拾碎[M].北京：中国建材工业出版社，2023：127-153.

[7] 《全国重点文物保护单位》编辑委员会.《全国重点文物保护单位》[M].北京：文物出版社，2004：440.

[8] 贾郡，等.河南古建筑地图[M].北京：清华大学出版社，2016：7-10.

[9] 邹纪万.中国通史：魏晋南北朝史[M].北京：九州出版社，1992：101-106.

[10] 邹纪万.中国通史：魏晋南北朝史[M].北京：九州出版社，1992：58-70.

[11] 中华文明史：第四卷：魏晋南北朝[M].石家庄：河北教育出版社，1999：69.

[12] 冯时.文明以止：上古的天文、思想与制度[M].北京：中国社会科学出版社，2018：188.

《筑苑》丛书

- 001 园林读本
- 002 藏式建筑
- 003 文人花园
- 004 广东围居
- 005 尘满疏窗
- 006 乡土聚落
- 007 福建客家楼阁
- 008 芙蓉遗珍——江阴市重点文物保护单位巡礼
- 009 田居市井——乡土聚落公共空间
- 010 云南园林
- 011 渭水秋风
- 012 水承杨韵——运河与扬州非遗拾趣
- 013 乡俗祠庙——乡土聚落民间信仰建筑
- 014 章贡聚居
- 015 理想家园
- 016 南岭之归园田居
- 017 上善若水——中国古代城市水系建设理论与当代实践
- 018 园林漫话十二谈
- 019 中国明清会馆
- 020 剑川沙溪古镇
- 021 构件不语——中国古代传统建筑文化拾碎
- 022 江右非遗——建筑上梁文与上梁仪式
- 023 瓯越传统插花艺术
- ● 024 亳都新韵——街区文化